KB194339

중고생들이 꼭 읽어야 할
화학 필독서 30

필독서 시리즈 | 27

**기초개념부터 심화응용까지,
화학자가 직접 고른 화학 명저 30권을 한 권에**

중고생들이 꼭 읽어야 할
화학 필독서
30

윤정인 지음

중고등
교과 과정
연계 수록!

센시오

신비하고 매력적인
화학의 세계에 당신을 초대합니다

우리는 살면서 많은 책을 접합니다. 그중 과학 도서들은 종수도 적고, 내용도 어렵고, 가짜 정보도 많아 양서들을 고르기가 쉽지 않습니다. 하물며 세부 학문인 화학으로 범주를 좁히면 더 찾기가 어려운 게 현실이죠.

그래서 더욱 추천 책을 선정하는 데 많은 시간을 고민했습니다. 물론 제가 선정한 도서가 반드시 최고의 선택은 아닙니다. 다만, 화학이라는 분야에 먼저 진출한 선배의 입장에서, 그리고 아이에게 제 분야를 소개하고 싶은 엄마의 입장에서 화학이 어떤 것인지를 파악할 수 있는 최고의 목록이라고 자부합니다.

처음 이 책을 제안받았을 때가 생각이 납니다. 내가 좋아하는 책을 누군가와 나눈다는 점이 참 매력적이라고 생각했습니다. 특히 그동안 감명 깊게 읽어왔던 화학책을 소개한다니 즐겁지 않을 수가 없었습니다.

이 책에 실린 화학책 추천 목록은 나름 사연이 깊습니다. 학창 시절부터 엄마가 되고 또 교수자가 되면서 읽게 된 책을 총망라한 것으로 그간 읽어본 책 중 재미있던 책, 학습에 꼭 필요할 책으로 구성하였습니다. 물론 단순하게 그냥 떠오르는 책들로 구성한 것은 아닙니다. 제 아이나 혹은 제자들 중에서 화학을 잘 모르는 친구들이 반드시 읽었으면 하는 책들 위주로 선정했습니다.

화학이란 세상을 탐험하는 여행

제가 소개한 화학책들을 본격적으로 읽어보고자 한다면 저는 난도 순서대로 보는 것을 권장합니다. 난도가 가장 쉬운 것부터 어려운 것으로 확장해가며 읽는다면 화학이 더욱 재미있어질 것입니다. 먼저 딱 한 권 쉽고 재밌어 보이는 책으로 골라보세요. 그걸 시작으로 화학이란 세상을 탐험해보는 것입니다.

과학은 끊임없이 변화하는 특징을 갖습니다. 그러다 보니 화학은 절대 단순하지 않습니다. 화학은 하나의 학문으로 정의되지 않고 다른 분야와 융합하는 특징이 있습니다. 예를 들어, 무기화학 및 유기화학에 속하던 다양한 광물 속 원소들은 보석으로 활용되기도 하지만 미술 속 명화에 사용된 물감으로도 활용됩니다. 이런 것들이 바로 화학이 다른 산업에 이용되는 대표적인 기술이라 할 수 있을 것입니다. 이를 바탕으로 약과 관련된 내용도 화학으로 설명할 수 있고, 화학 지식이 추리소설 등에 활용되기도 합니다.

그래서 이 책에는 화학의 융합을 다룬 도서들을 따로 소개했습니다. 여기에는 화학 그 자체보다 배경 지식이 많아 누구나 가볍게 읽기 좋습니다. 너무 학술에 가까운 책이 부담스러운 독자들은 융합 관련 책을 먼저 읽어도 괜찮습니다.

사실 추천 도서를 정리하며 가장 고심했던 세부 분야는 화학 고전이었습니다. 기술의 발전에 따라 빠르게 변화하는 화학의 특성상, 오래된 책의 내용이 현대의 이론과 맞지 않는 경우가 더러 있기 때문입니다. 그럼에도 고전 책을 함께 소개하는 이유는 과거와 현대의 차이점을 찾아내려면 반드시 고전을 먼저 읽어야 하기 때문입니다. 고전 책을 볼 때에는 유사한 책을 함께 교차로 읽어보는 것을 추천합니다. 과거와 현대의 다른 점을 비교하며 읽다 보면 과학적 상식도 넓힐 수 있고, 비판적 사고를 기를 수 있습니다.

한 가지 더, 책을 재미있게 읽기 위해 놓쳐서는 안 되는 것이 있는데요. 바로 책을 활용해서 다양한 사고실험과 활동들을 해보는 것입니다. 관련 책을 읽으며 질문과 추가 정보 검색 등을 통해 자신의 생각을 정리하다 보면 독서의 가능성은 무궁무진하게 확장됩니다.

이러한 활동의 물꼬를 터줄 질문들을 각 챕터의 '이 책의 활용법'에 담았습니다. 제가 일러둔 방법을 토대로, 단어나 내용이 어려워 잘 잊어버리게 되는 과학책의 특성을 고려하여 여러분만의 자료 활용법을 만들어 보길 바랍니다. 또한, 저자의 글이 현대에 잘 맞는 이야기인지 파악하며 비판해보는 것도 좋은 독서 활동이 될 것입니다.

화학은 오늘도 진화한다

이 목록에 나온 모든 책을 다 읽어볼 필요는 없습니다. 어떤 책은 참고자료처럼 봐야 하는 책도 있고, 쿠키처럼 읽는 책도 있기 때문입니다. 다만, 다양한 시선으로 쓰인 과학책들이 있다는 점을 기억하고, 이를 활용하여 좋은 참고도서나 학습 자료로 꺼내 사용했으면 합니다. 그렇게 한다면 과학 관련 지식과 책을 접하기기 좀더 쉬워질 것입니다.

또한 노파심에 하는 말이지만, 과학책 추천도서라고 해서 이 목록의 책만을 보는 것은 독서 습관에 좋지 않습니다. 인간은 한 가지 정보에 과도하게 노출되는 경우 편협한 사고가 생길 수 있습니다. 만약 여러분이 이공계 책을 많이 보는 편이라면 인문학 관련 책을 찾아보며 균형을 맞추는 것을 추천합니다.

사실 저도 평소에는 철학이나, 역사 같은 인문학 책을 보며 독서의 균형을 맞추고 있습니다. 이런 작업이 있어야 독서 스펙트럼을 넓힐 수 있고, 넓은 시야도 유지할 수 있습니다.

화학은 끊임없는 발전과 융합을 통해 인간의 삶을 더 좋게 바꾸기 위해 변화하고 있습니다. 많은 과학기술이 시대의 흐름을 따라잡지 못하고 도태되었으나, 화학은 시대의 요구에 맞게 변화하며 많은 분야를 새롭게 만들어냈습니다.

제임스 왓슨James Watson으로 인해 전성기가 찾아온 생화학, 항암제의 성공으로 더 큰 변화를 맞이하게 된 의약화학이나 혹은 나노화학, 양자화학 등 시대의 흐름에 따라 변화무쌍하게 바뀌는 화학의 모습은 우리의 삶과 매우 닮았다고 생각합니다. 인간도 역시 시대의 흐름에 도태되지 않기 위해 노력하듯 화학도 노력하니까요. 과거부터 현대에 이르는 이 다양한 책들이, 여러분이 시대의 흐름을 파악하여 더 나은 삶을 추구하는데 좋은 마중물이 되길 희망합니다.

이 책을 쓰며 오랜만에 책을 다시 읽으면서 어린 시절 추억도 떠올릴 수 있어 행복했습니다. 또 새로운 책을 다시 접하며, 신선한 영감도 얻을 수 있었습니다. 저의 작업이 이 책을 보게 될 여러분에게도 좋은 영향이 될 수 있기를 바랍니다.

 Contents

PART 4 │ 모든 것은 화학으로부터 시작해

PART 5 | 역사로 보는 화학 이야기

PART 1

어서 와,
화학은 처음이지

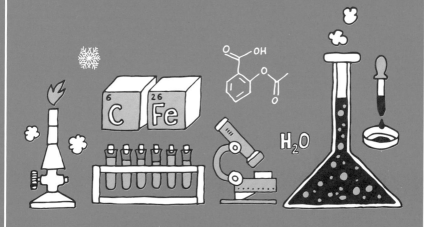

내 생애 가장 첫 번째 화학책

열두 살 궁그미를 위한 화학

린 허긴스 쿠퍼 글 · 알렉스 포스터 그림
한문정 역 · 니케주니어 · 2023

🔬 화학의 기초를 다져주는 모두를 위한 그림책

화학 공부는 해야 할 것 같은데 화학은 정말 모르겠다 싶어 포기하고 싶을 때가 있지 않나요? 또는 화학 관련된 책을 읽어보고 싶은데, 아는 것이 부족하여 책 읽기가 어렵다고 느껴질 때가 있지 않나요?

《열두 살 궁그미를 위한 화학》은 화학에 대한 기초가 부족해서 화학 공부를 포기하고 싶을 때, 기초를 다져줄 수 있는 모두를 위한 그림책입니다. 그럼 책에 대해 함께 살펴보겠습니다.

　이 책은 시리즈로 구성되어 있고, 화학, 물리, 천문학 등 현대의 기초과학을 분야별로 크게 분류하여 소개하고 있습니다. 그중 '화학'을 번역한 한문정 번역가는 실제 교단에서 대내외적으로 다양한 활동을 하며 화학을 가르치고 있는 선생님이기도 합니다. 즉, 누구보다 화학책을 쉽게, 그리고 전문적으로 학생들에게 설명할 수 있는 충분한 역량을 가진 번역가라고 감히 말할 수 있죠.

　이런 이유로 이 책은 제가 아이에게 첫 번째로 사준 화학책이 되었습니다. '열두 살 궁그미를 위한 책'이라고 했지만, 사실이 책은 그림과 설명이 고루고루 함께 있어서 초등학교 저학년도 충분히 읽을 수 있습니다. 그래서 당시 초등학교 3학년이던 아이가 당장 이해하지 못하더라도 그림으로 충분히 접해볼 수 있다고 판단하여 선물하게 된 것이죠.

　이 책의 핵심은 목차에 있습니다. 목차의 순서를 잘 기억해주세요. 여기에는 화학이란 학문을 이해하기 위한 공부 단계가 그대로 나와 있습니다. 그래서 학교에서 과학을 처음 접하게되는 초등학생부터 고등학생에 이르기까지 기초를 다시 되새김질하기에 적절한 책이라 추천하는 것입니다.

1장 l **물질의 상태**	2장 l **화학적 구성 요소**	3장 l **생물의 화학**
• 고체	• 원자	• 물
• 액체	• 분자	• 산소
• 기체	• 고분자	• 이산화탄소
• 녹는점	• 동위원소	• 탄소
• 끓는점	• 나노입자	• 질소
• 브라운 운동	• pH	• 오존
• 원소	• 산	• 온실가스
• 화합물	• 염기와 알칼리	• 엽록소
• 혼합물	• 만능지시약	
4장 l **주기율표**	5장 l **실험실에서**	6장 l **우리를 둘러싼 화학 물질**
• 비금속	• 분젠 버너	• 공기
• 할로젠	• 온도계	• 바닷물
• 비활성기체	• 시험관, 플라스크, 비커, 피펫	• 암석
• 알칼리 금속	• 필터와 여과	• 광물
• 알칼리 토금속	• 증류	• 화석연료: 석유
• 전이 금속	• 크로마토그래피	• 화석연료: 석탄
• 준금속	• 화학 반응	• 화석연료: 천연가스
• 악티늄족과 란타넘족	• 연소	• 금속
• 전이후 금속	• 불꽃놀이	• 합금

《열두 살 궁그미를 위한 화학》 목차 중에서

그렇다면 화학은 무엇을 배우는 학문일까요? 두 단계로 설명할 수 있습니다.

• 화학은 물질의 상태 변화를 배우고
• 이 과정에서 에너지의 변화를 함께 배우는 학문입니다.

즉, 화학은 물질이 왜 변하고, 변하는 과정은 어떻게 이루어지고, 어떤 에너지가 필요한지를 배우는 복합적인 연구입니다. 이런 연구가 화학이라면, 화학자가 처음 배우고 가장 잘 알고 있어야 하는 것이 무엇일까요? 바로 물질이랍니다.

그래서 이 책의 첫 주제는 물질의 상태를 설명합니다. 여러분은 물질이 무엇이라 생각하나요? 화학에서 말하는 물질은 질량과 부피를 가진 모든 것을 말합니다. 쉽게 말해 눈에 보이고 만져지는 모든 것을 의미합니다. 그래서 공기, 물, 인간 등 모든 것을 물질이라 부르죠.

그럼 이 물질을 어떻게 분류할까요? 전통적인 화학에서는 물질의 상태에 따라 고체, 액체, 기체로 분류합니다. 그리고 최신 화학에서는 한 가지 더 형태를 추가하고 있습니다. 바로, 플라즈마Plasma 입니다.

이 책의 특징은 전통적인 화학과 최신 화학에서 알려진 내용 중 어느 정도 증명된 내용을 함께 다루고 있다는 점인데, 그래서 제가 어릴 적엔 알지 못한 물질의 한 상태인 플라즈마가 함께 소개되고 있습니다. 플라즈마란, 일상에서 흔하게 만날 수 있는 물질은 아닙니다. 어떤 특정한 상황에서 관찰되는 상태인데, 기체와 비슷하지만 분자의 일부가 전자를 잃어 이온 상태로 존재하는 것을 이야기합니다. 1879년 윌리엄 크룩스가 처음으로 발견했고, 지금 현대 과학에서는 이 플라즈마 상태에서 다양한 실험을 구현하고 있답니다. 이제 플라즈마란 내용이 어렵게 느껴지지 않죠?

🔬 고체, 액체, 기체를 구분하는 법

자, 다시 책으로 가보겠습니다. 혹시 고체, 액체, 기체를 구별하기 위해서 어떤 질문을 해야 하는지 아시나요? 책에서는 여러분이 과학적 사고를 할 수 있도록 챕터마다 질문을 하고 있습니다. 예를 들어, 여러분이 고체를 구별한다고 해봅시다. 어떤 것을 고체라 할 수 있을까요? 고체는 어떤 특징을 가질까요? 책에서 고체를 구별하기 위해 던진 질문을 따라가 보겠습니다.

물질이 한곳에 머물러 있나요? Yes or No

Yes. 고체는 한곳에 머물러 있어야 합니다.

물질이 흐르고 있나요? Yes or No

No. 고체는 흐르지 않습니다.

물질이 형태를 유지하고 있나요? Yes or No

Yes. 만약 형태가 흩어진다면 고체가 아닙니다.

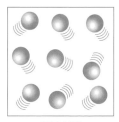
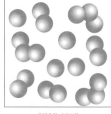

기체 상태　　　　　　액체 상태　　　　　　고체 상태

누르면 더 작은 부피로 압축이 되나요? Yes or No

No. 고체는 분자가 움직이지 않기 때문에 압축할 수 없습니다.

　지금 이 질문을 유심히 살펴보면, 한 가지 흐름이 보일 겁니다. 네, 고체에 대한 정의를 내리기 위해 필요한 질문을 대질문부터 세부적인 조건으로 내려가며 고체가 무엇인지를 규정하고 있습니다. 이렇게 좋은 질문을 하는 방법을 배움으로써 여러분은 고체가 무엇인지, 액체가 무엇인지, 기체가 무엇인지 확실히 개념을 세울 수 있을 겁니다.

🧬 중·고등 교과 과정을 충실히 반영한 책

화학은 물질이 존재하는 모든 영역을 다룰 수 있습니다. 인간도 물질의 한 종류이니 생명을 다룰 수도 있고, 우리가 입고 먹고 사용하는 모든 것들 역시 물질이기에 화학의 영역이 될 수 있죠. 이 책을 읽으며 여러분이 아는 모든 것이 어떤 물질인지를 한 번 대입해보세요. 그러다 보면 '이런 것도 화학이 될 수 있나?' 하는 새로운 시각을 얻을 수 있을 겁니다.

또 화학의 종류는 전통적으로 주제에 따라 유기화학, 무기화학, 물리화학, 생화학, 분석화학으로 분류됩니다. 이 책에서 언급된 주제들이 어떤 종류의 화학인지 유추해보는 것도 화학을 이해하는 데 큰 도움이 됩니다.

가령 앞서 이야기한 고체, 액체, 기체를 분류하고 특성을 파악하는 것은 분석화학의 영역이 될 수 있을 겁니다. 대표적으로는 책 속에서 다룬 혼합물에 대한 개념을 이해하는 것이 분석화학의 영역에 아주 적합하다고 할 수 있겠네요. 이렇게 책을 읽으며 이 주제는 어디에 해당하는지를 찾아보고, 책에 나온 예시도 곰곰이 생각해보세요.

또 이 책에는 생활 속에서 쉽게 볼 수 있는 화학이론이 그림과 함께 설명되어 있어 일상 속에서 써 먹기 좋은 예시가 많습니다. 예를 들면 '나노입자'를 설명한다고 해봅시다. 나노라는 단위는 머리카락보다 작은 입자라고 흔히 이야기합니다. 그런데 나노가 정확히 무엇을 의미하는지는 보통 잘 모르죠. 나노기술이란 원자나 분자가 아주 미세한 10억 분의 1이 되는 사이즈가 될 때, 어떤 현상을 나타내는지를 관찰하고 이를 다루는 기술을 말합니다.

왜 과학자들은 원자나 분자를 단순히 작게 만들어서 관찰할까요? 그것은 입자의 크기가 작아짐에 따라 전통적으로 알고 있던 원자나 분자의 운동이 달라진다는 것을 관찰했기 때문입니다. 좀더 전문적인 이야기를 해보자면, 모든 원자나 분자는 운동이라고 부르는 충돌 과정을 통해 화학반응을 만들어냅니다. 그리고 이 화학반응은 원자나 분자의 크기에 따라 반응성이 달라집니다. 일반적인 크기의 분자나 원자의 충돌 과정은 이미 널리 알려져 있고 관찰하기도 쉽지만, 크기가 아주 작아지게 되면 이후의 화학반응을 예측하기가 힘듭니다. 이는 입자가 작아져서 움직이기가 쉬워져 큰 입자 상태와는 다른 미세운동 형태를 갖게 되기 때문입니다.

가령 덩어리가 큰 꿀을 물에 녹이긴 어렵지만, 입자가 고운 설탕을 물에 녹이긴 쉽죠? 이처럼 입자의 크기가 작아지면 반응성이 높아져 화학반응이 더 쉽게 나타나기도 합니다. 이를 연구하는 것이 바로 나노입자고, 최근까지 여러 기술에 적용되고 있습니다.

이 책에서는 나노입자 기술이 적용된 선크림, 나노입자 위스

키, 나노입자 드레싱을 소개합니다. 이렇게 책에 새로운 생활 속 기술이 소개되면, 이 기술을 꼭 찾아보는 것을 추천합니다. '아, 그렇구나' 하고 넘어가지 말고, 실제로 이 기술이 적용된 제품을 찾아보면, 훨씬 더 오래 기억에 남게 될 겁니다.

🔬 이 책 활용법

이 책은 과거부터 최신 응용화학까지 쉬운 그림과 함께 전문적인 언어로 설명을 하고 있습니다. 문장 자체가 쉬운 편은 아니지만 그림이 단순하고 글이 적어 초보자들이 편하게 읽을 수 있습니다.

요즘은 문해력이 중요하다고들 합니다. 대학에서 서술형 문제를 잘 적지 못하는 친구들도 종종 봅니다. 그래서 저는 어렸을 때부터 좋은 글을 많이 접해야 한다고 생각합니다. 이 책은 처음 독해를 시작하는 친구들에게 적절한 연습이 될 수 있습니다.

특히 과학 글쓰기를 배우려는 친구들이 있다면 책에 나온 문장을 그대로 기억해두었다가 친구들에게 설명해보길 추천합니다. 또 꿈이 과학자인 친구들이라면 목차 중 '실험실에서'라는 주제를 잘 읽어봐도 좋습니다. 실제 연구원들의 실험도구 사용법뿐만 아니라 연구실 정리 노하우까지 자세히 알려주고 있습니다.

실제로 유기화학자인 저는 화학반응을 관찰할 때 온도계를 꽂은 뒤 증류를 통해 용매를 제거하고, 칼럼 크로마토그래피 column chromatogaphy라는 분석 기술을 사용하여 물질을 분리합니다. 이 책에 나온 실험도구들을 전문가가 된 지금도 일상적으로 사용하고 있는 것이죠.

여러분이 미리 이런 실험에 대한 도구와 사용법을 익히고 실험실 탐방을 가본다면 더욱더 친숙하게 느껴질 것입니다.

🐝 **한줄꿀팁**

'열두 살 궁그미'가 아니더라도 모두가 읽을 수 있는 탄탄한 기초 책이에요. 연구원이 되고 싶은 친구들이라면 이 책에서 나온 실험도구 사용법을 잘 읽어보세요.

화학 실험실에서 어떤 일이 일어나는지 궁금한가요?

비커 군과 친구들의
유쾌한 화학실험

우에타니 부부 글·그림 · 오승민 역 · 더숲 · 2018

🔬 '이공계 일러스트레이터'가 바라본 실험실 풍경

이 책은 《비커 군과 실험실 친구들》이란 책으로 유명한 우에타니 부부가 쓰고 그린 시리즈 중 두 번째로, 실험실에서 벌어지는 기초적이고 중요한 화학실험 이야기를 잘 담고 있어요.

우에타니 부부는 일본에서 굉장히 유명한 과학 작가인데요. 화장품 회사 연구원이었던 남편과 과학과는 거리가 먼 아내가 함께 작가로 활동하고 있습니다. 남편이 전공을 살려 실험기구

캐릭터를 만드는 일을 시작으로 '이공계 일러스트레이터'로 활약하고 있다고 해요. 너무 멋지지 않나요?

이 부부의 다양한 저작들은 매년 청소년 과학도서 부분에서 베스트셀러로 꾸준히 상위 랭킹에 올라가 있어요. 여러분이 이 책이 낯설지 않다고 느낀다면, 아마도 추천 도서로 자주 접하기 때문일지도 모릅니다. 실제 해당 시리즈는 양육자들의 커뮤니티는 물론, 학교나 각 도서관에서 매년 추천되고 있어요.

이 책은 당연히 청소년을 대상으로 합니다. 그러나 사실 저는 과학을 처음 접해보는 모든 이에게 권하고 있습니다. 수많은 과학도서가 있지만, 이 책처럼 자세히 실험기구를 설명하고, 해당 실험기구로 어떤 실험을 할 수 있을지를 그림으로 보여주는 책은 없기 때문입니다.

최근 실험실 안전규칙이 엄격해지고 있습니다. 실험을 하는 모든 이의 안전을 위한 것이지만, 아이러니하게도 그 덕에 많은 실험수업이 줄어들고 있습니다. 덕분에 요즘 친구들은 제가 학교를 다니던 시절과 비교할 때 많은 실험을 하지 못하고 대학에 진학하고 있습니다. 그럼 대학에 가면 실험을 많이 해볼 수 있을까요? 불행히도 대답은 '아니오'입니다. 대학교육이 융합형 인재 양성으로 변화함에 따라, 전공 학점이 줄어들어 대학생들도 과거와 달리 실험수업을 많이 접하지 못하는 게 현실입니다.

그렇다면 과학에서 실험을 경험하지 못한다는 것은 어떤 의미일까요? 분야마다 다르겠지만, 제가 속한 화학의 경우 실험은 이론을 정리함에 아주 큰 도움이 됩니다. 실험 한 개에 포함되는 여러 가지 화학이론을 체계적으로 정리하고, 실전에 응용함에 있어서 실험 경험은 취업 시에도 아주 중요한 강점이 될 수 있습니다. 그런데 이런 실험을 하지 못함으로써, 최근 학생들이 이론을 잘 적용하지 못하거나, 혹은 이해하지 못하는 모습을 자주 봅니다. 열심히 공부를 해도 실험이 따라오지 못하니 잘 기억을 못하는 것이죠.

그런 현실 속에, 이런 실험기구와, 이들이 보여주는 실험을 그림으로라도 접한다는 것은 아주 좋은 기회라고 생각합니다. 비록 간접 경험이더라도요. 모든 과학이론을 잘 기억하기 위해서는, 머릿속에 그림으로 도식화하는 것이 중요하거든요.

비커와 친구들

그럼 함께 책을 살펴보겠습니다. 혹시 비커가 무엇인지 알고 있나요? 이 책은 실험실에서 가장 많이 사용되는 대표적인 실험도구인 비커를 주인공으로 해서 다양한 실험들이 어떻게 진행되는지를 보여주고 있습니다. 비커가 의인화되었으니, 당연히 다양한 실험기구 역시 실험을 좋아하는 친구들이 되어 협력하며 재밌는 실험을 진행합니다. 평소 과학이 어렵고 혹은 실험이 무섭다고 생각하던 친구들도 쉽고 편안하게 다가갈 수 있고, 특히 가장 좋은 점은 바로 만화책이라는 점이겠죠?

이 책에 나온 실험은 실제 교과서에서 필수로 하는 기초실험부터 대학생이 되면 화학과에서 꼭 배워야 하는 실험까지 정말 중요한 실험들로 구성되어 있습니다. 여러분이 비커 군이 되었다고 생각하고 실험에 참여해보는 상상을 마음껏 펼쳐볼 수 있다면, 머릿속에 맴돌던 이론을 본인의 지식으로 만드는 데 큰 도움이 될 것입니다.

특히 책에 나온 실험은 크게 제조, 측정, 관찰, 분리 네 가지로 구별되는데, 이것들은 화학에서 가장 중요한 법칙이라 해도 과언이 아닐 것입니다. 실제로 많은 화학자는 이를 활용하여 새로운 물질을 만들냅니다.

이 과정은 요리와 아주 비슷합니다. 여러분이 팬케이크 '제조실험'을 한다고 가정해봅시다. 정확하게 빵을 제조하기 위해서는 꼭 필요한 재료가 적정량으로 정해진 레시피에 따라 혼합되어야 합니다. 계란 한 개, 버터 한 큰술, 밀가루 한 컵, 우유 두 컵 등 반드시 필요한 양이 정해져 있습니다.

이 양을 계량하기 위해서는 저울이나 어떤 기준이 필요합니다. 이러한 계량을 화학에서는 측정이라 부릅니다. 계량된 재료들은 정해진 순서에 따라 혼합하면 반죽이 됩니다. 그리고 이 반죽을 달궈진 팬에 넣으면, 반죽이 익으며 색이 변하고, 맛있는 냄새가 날 것입니다. 화학에서는 이러한 변화를 관찰합니다. 그리고 마지막으로 다 만들어진 맛있는 팬케이크를 팬에서 분리해서 접시에 담고 먹으면 팬케이크 실험이 종료됩니다. 이렇게 정리하니, 요리도 꼭 실험처럼 보이지 않나요?

🔬 비커 군이 설명해주는 '화학발광 실험'

이제부터 제가 제일 좋아하고, 또 학생들에게 자주 설명하는 실험인 화학발광 실험을 예로 들어보겠습니다. 화학실험에는 반드시 에너지가 필요합니다. 우리가 움직이지 않으면 살이 빠지지 않듯, 화학실험에서 진행되는 화학반응은 에너지가 필요하고, 또 에너지를 사용함으로써 나타나는 반응reaction이 반드시 필요하죠. 그 반응은 크게 두 가지로 분류됩니다.

• 에너지가 방출되면 열로 방출된다.

• 에너지가 방출되면 빛으로 방출된다.

이것을 바탕으로 상세히 책을 살펴봅시다. 책에서는 먼저 화학발광이 무엇인지, 그리고 어떤 원리로 진행되는 실험인지를 설명합니다. 화학발광이란, 화학반응에서 빛이 방출되는 현상으로, 이러한 현상을 나타내는 예시로는 혈흔검사로 알려진 루미놀반응이 대표적입니다. 이 발광반응은 생물체에서도 나타납니다. 대표적인 발광반응을 통해 자신의 존재를 알리는 곤충으로 반딧불이가 존재합니다.

모든 화학반응이 진행되기 위해서는 전자의 이동이 필수적입니다. 이때 전자를 보다 더 빠르게 움직이게 할 수도 있는데, 그때 필요한 것이 바로 촉매입니다. 보통 촉매는 금속을 많이 이용하는데, 루미놀반응은 금속촉매를 통해 빠르게 반응이 진행될 수 있기 때문에, 우리가 발광도 눈으로 직접 볼 수 있게 됩니다.

그렇다면 루미놀 용액으로 혈액을 어떻게 검출하는 것일까요? 이 현상이 가능한 이유는 혈액 속 헤모글로빈에 들어 있는 철 때문입니다. 엄밀히 말하자면, 루미놀은 혈액 속 철과 만나 촉매반응을 통해 화학발광이 일어나는 것입니다.

즉, 꼭 혈액이 아니어도 루미놀은 금속과 만나면 촉매반응이 가능하므로, 다른 금속을 사용해도 비슷한 결과를 얻을 수 있습니다. 물론 이 루미놀 촉매반응이 진행되기 위해서는, 선행 시약이 필요합니다.

책에는 이 시약을 만드는 방법을 그림으로 설명하고 있습니다. 다만, 책에는 정확한 양이 기재되어 있지 않기 때문에, 이 책은 실험 전, 여러분이 어떤 순서로 실험을 해야 할지, 또 무엇을 사용하게 될지를 미리 시뮬레이션하는 용도로 사용한다고 생각하면 됩니다. 실험 전 어떤 기구가 필요한지 미리 준비해 보고, 시약도 미리 꺼내 두고, 선생님의 지시에 따라 정량을 제조한다면, 그 실험은 성공적으로 끝날 것입니다.

이처럼 이 책을 더 재미있게 보기 위해서는 책을 들고 실험실에 가는 것을 추천합니다. 책에 나오는 실험실 친구들을 눈으로 직접 보고 사용해보는 것보다 좋은 체험은 없기 때문입니다. 처음 소개된 실험을 순서대로 하다 보면 뒷부분에서는 루미놀혈흔 실험 혹은 은거울반응처럼 멋진 실험도 성공할 수 있을 겁니다.

이 책 활용법

이 책에 나오는 실험들은 실제 초중고, 그리고 대학교 1학년 일반화학실험과 유기화학실험에서도 배우는 실험들로 구성되어 있습니다. 보통 어릴 때 배운 과학을 대학에서 또 배운다고 생각을 많이 못하는데, 실제 초중고에서 배운 화학이론은 기초과학에 해당하기 때문에 어릴 때는 쉬운 언어로, 그리고 대학에서는 전문영역의 언어로 배우며 깊이가 깊어질 뿐 그대로 배우게 됩니다. 그러니 기초과학 계통으로 진학을 고민하는 경우, 이론과 실험을 같이 경험할 수 있는 환경을 조성하는 것이 무엇보다 중요합니다.

이 책은 과학에 대한 거부감을 줄여주기 위한 책입니다. 그래서 이 책을 전부 이해할 필요는 없어요. 실험도구에 흥미를 느낄 수만 있어도 충분합니다.

또 이 책에 나오는 실험도구는 처음 제작한 과학자의 이름을 따는 경우가 많은데 그러다 보니 독일어, 프랑스어 이름도 자주 보입니다. 같이 검색하면서 실험도구의 어원을 찾아보고, 만들어진 계기를 공부해보는 것도 재미있게 책을 볼 수 있을 거예요.

🐝 한줄꿀팁

이 책을 실험실에 들고 가서 읽어보세요. 비커, 스포이드 등 실험실 친구들이 친근하게 말을 건네올 거예요.

퀴리부인을 계기로 탐험한 화학의 세계

퀴리부인은 무슨 비누를 썼을까? 2.0

여인형 저 · 생각의힘 · 2014

☄ 퀴리부인이 진짜 비누를 사용했다고?

이 책은 출간된 지 10여 년 동안 화학 분야 기초 책으로서 사랑을 받았고, 시간이 지나 소프트웨어를 업그레이드하듯 제목에 2.0이란 말을 추가했다고 합니다. 여인형 교수는 과학 커뮤니케이션 활동을 오랫동안 해온 화학자로 화학을 직업으로 하는 저 같은 사람들에겐 굉장히 저명한 석학이기도 합니다.

《퀴리부인은 무슨 비누를 썼을까? 2.0》은 당시 '노 케미No

chemistry' 열풍으로 인해 많은 사람이 화학물질에 대한 관심이 높을 당시에 출판된 책으로 일상생활 속에서 흔히 볼 수 있는 화학물질을 다섯 개의 주제(생활, 식품, 건강, 안전과 환경, 재료)로 분류하여 설명하고 있습니다. 특히 이공계를 준비하는 학생이라면 가볍게 읽으면서 화학이란 분야가 산업 전반에 어떻게 기초연구로 활용되는지를 파악하기 좋은 책입니다. 다만, 화학에 관심이 없다면 내용이 생소하거나 어려울 수 있으니 주의해야 합니다.

여러분은 이 책의 제목을 처음 들었을 때 어떤 느낌이 들었나요? 조금 특이하다고 생각하지 않았나요? 이 책의 제목만 봐서는 대표적인 화학자이고 여성 과학자인 퀴리부인이 집에서 어떤 비누를 썼는지 정말 궁금할 거 같은데, 사실 저자는 큰 의미 없는 제목이었다고 합니다. 이는 '비누' 편에서 설명하고 있는데요. 저자는 책에서 실제로 퀴리부인이 사용한 비누에 대한 정보가 있어서 이 책의 제목이 결정된 것은 아니라고 설명합니다.

책에 따르면, 모든 사람이 알고 있는 대표적인 과학자, 특히 화학자 '퀴리부인'이라는 인물과 누구나 사용하는 화학의 결정체 '비누'라는 키워드를 합쳐 단순히 화학물질에 대한 관심을 고취하고자 하였다고 합니다.

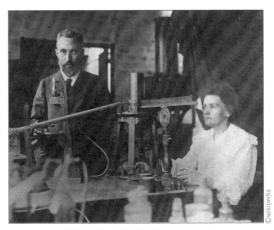

남편 피에르 퀴리와 마리 퀴리의 사진

이왕 이렇게 된 것, 우리 같이 비누 편을 살펴보도록 하겠습니다.

화학물질으로서의 비누

비누는 화학산업에서 빼놓을 수 없는 대표적인 화학물질입니다. 오랜 시간 사용해왔고 인류의 질병을 감소시키는 데 혁혁한 공을 세운 물질이기도 합니다. 또 인간이 만든 물질이 환경을 파괴할 수 있음을 알리는 계기가 되기도 했습니다. 책에서는 비누를 '우리 생활에 없어서는 안 될 중요한 필수품'이라 설명하며, 비누란 본질적으로 '때를 제거하는 것'이 사용 목적이라고 정의합니다.

비누는 지방산 나트륨이란 화학용어로 불리는데, 비누에 사용된 지방산 분자는 탄소 원자가 보통 10개 이상이며 가장 말단에는 카복실기(-COOH)가 결합되어 있죠. 이 카복실기는 물과 친한 친수성 성질을 가집니다. 반대로 '지방'이란 단어가 있어서 아시겠지만, 지방은 물에 녹지 않는 성질을 가지고 있죠.

비누는 이렇게 물에 녹는 곳과 녹지 않는 곳이 함께 공존합니다. 이렇게 물에 녹는 성질을 화학에서는 극성, 반대로 물에 녹지 않는 성질을 비극성이라 부릅니다. 이때 비누가 때를 제거할 수 있는 이유는 물에 녹지 않는 때가 비누의 비극성 부분과 결합하고, 이후 우리가 물로 헹구면, 비누의 극성 부분이 물에 씻겨 나가면서 비극성 부분에 달린 때를 같이 데리고 물에 쓸려 내려가기 때문입니다.

책에서는 경수와 연수에서 다르게 나타나는 비누화 반응에 대한 설명도 있습니다. 요즘 정수기를 먹는 친구들에게는 낯선 용어일 것 같은데요. 이 내용도 함께 살펴보겠습니다.

여러분은 지역마다 사용하는 물의 품질이 다르다는 사실을 알고 있나요? 물은 안에 포함된 칼슘이온, 마그네슘이온과 같은 금속이온의 양에 따라 품질이 달라집니다. 칼슘이온과 마그네슘이온의 양이 약 270ppm 이상이면 경수hard water, 약 60ppm 이하인 물을 연수soft water라고 합니다. 경수와 연수는 육안으로는 구별되지 않습니다.

그런데 경수와 연수에 각각 비누를 풀어 보면 무엇이 다른지 구별할 수 있습니다. 비누를 묻힌 손을 경수로 씻으면 금세 비눗기가 사라지는 반면, 연수로 씻으면 비눗기가 남아서 상대적으로 오래 씻어야 합니다. 화학적으로 이러한 현상은 비누의 친수성기와 연관이 있습니다. 앞서 설명한 비누의 친수성기는 카복실산이 담당합니다. 이 카복실산은 물에 녹아 음이온이 되는데, 이 카복실산 음이온과 경수 속에 들어 있는 칼슘이온, 마그네슘이온과 같은 양이온이 만나 '염salt'를 형성하면서 금세 비눗물의 성질을 없애버리기 때문에 발생되는 현상인 것이죠.

이런 문제를 해결하기 위해 과학자들은 다양한 종류의 비누를 만들기 시작했고, 그 결과 석유에서 추출한 물질을 사용하여 합성비누를 만들게 됩니다. 이 비누의 비극성 분자는 기존의 비누와는 다른 벤젠 고리에 탄소 사슬이 식물 줄기처럼 결합된 구조를 가지고 있고, 기존에 사용하던 카복실산 대신에

설폰산이라는 구조로 변경하게 되었습니다. 그리고 이렇게 구조가 바뀐 비누는 경수에서도 매우 잘 녹는 특성을 가지게 되었으나, 세정력은 기존 비누보다 미비하다는 단점이 생겼습니다. 또, 심지어 기존에 직선형이던 비극성 구조가 가지 모양으로 바뀌면서 생물학적 분해가 되지 않아 환경파괴도 일으켰습니다.

여러분이 어디선가 환경파괴 자료로 보았을 하천에 거품이 둥둥 떠다니게 한 원흉이 바로 이 합성비누입니다. 이후 이 지방산은 퇴출되었고 발전을 거듭하며 인산이 들어간 비누가 만들어지기도 했는데, 이 비누 역시 하천에 인산염을 넘치게 하면서 수생 식물이 과다하게 자라 하천의 용존산소량을 줄이는 문제를 발생시켰다고 합니다. 과학자들이 선의를 가지고 하는 일들이 반드시 좋은 일로 돌아오지는 않는다는 것을 보여주는 사례인 셈입니다.

책의 주제와 관련된 영상 콘텐츠를 찾아보기

그럼 이 책을 보다 더 재미있게 볼 수 있는 방법에는 무엇이 있을까요? 저는 이 책의 주제와 연관된 뉴스, 다큐멘터리, 영화 같은 콘텐츠를 함께 찾아보는 것을 추천합니다.

이 책의 저자가 이야기하는 것처럼 해당 주제와 관련된 가짜 정보가 어떤 것이 있는지, 그리고 실제 사례로 나온 사건들이 존재하는지를 찾아보며 책을 함께 읽어보는 겁니다. 예를 들어, 최근 음주 운전으로 이슈가 된 여러 사건들이 있을 겁니다. 해당 사건들을 보다 보면 음주를 전혀 하지 않았는데 측정기가 반응했다며, 측정기의 오류를 지적하는 기사를 보게 될 것입니다.

이러한 오류가 발생하는 원인이 무엇일까요? 이는 여러분이 책을 통해 예측해볼 수 있습니다. 책에서는 음주측정기의 원리가 분광학 방법을 이용한다고 하고 있습니다. 측정기에는 황산, 질산은, 다이크로뮴산 포타슘 용액이 들어 있는데 여기에 우리가 술을 마신 뒤 숨을 불어넣으면, 날숨 속에 섞인 에탄올이 용액에 녹으면서 산화환원 반응을 일으켜, 크로뮴이온을 환원시킵니다. 그리고 이 반응을 빛이 측정하게 됩니다. 크로뮴이온이 환원되면 용액에서 빛을 흡수하는 양이 줄어드는 현상을 검출기가 읽어내고, 이를 숫자로 변환하여 우리가 데이터를 얻게 되는 것입니다.

음주측정기는 날숨 속에 섞인 에탄올을 감응합니다. 그러니 측정 전 술을 마시지 않고 알코올이 섞인 구강 청결제를 이용

음주측정기 오류 검색 결과

하거나 혹은 슈크림이 들어간 디저트처럼 '럼'을 사용한 음식
을 먹은 뒤에도 측정기에 검출될 가능성이 있어 100퍼센트 정
확한 정보가 아닌 것입니다. 그래서 논란의 여지가 있는 경우,
따로 경찰서에서 피검사를 통해 정확하게 측정하도록 되어 있
습니다.

이렇게 현실 속 이야기와 연결해 보니 화학이 더 쉽게 느껴
지지 않나요? 이렇게 책에 나온 사례를 직접 찾아보면 세상 속
이슈가 더 가깝게 해석될 수 있을 겁니다.

이 책 활용법

이 책은 생소한 화학용어가 많이 나오기 때문에 한 번에 읽기가 어려울 수 있습니다. 그렇다면 처음부터 읽는 것보다 주제별로 읽기를 추천합니다. 오늘은 환경, 내일은 생활… 이런 식으로 말이죠. 그럼에도 진도가 나가지 않는다면 온라인 백과사전 등에서 용어를 검색하면서 읽어보세요.

인터넷 검색을 할 때 꼭 주의해야 할 점이 있는데, 바로 검색 내용을 100퍼센트 신뢰하지 말라는 것입니다. 화학은 늘 이슈가 많습니다. 그리고 그 이슈는 마케팅과 직접적인 관련이 있고, 화학물질이 나쁘다 혹은 배척해야 한다고 이야기하는 사람들 중 해당 물질을 만들거나 혹은 다룬 경험이 없는 가짜 전공자도 있습니다. 이는 화학적 사실을 파악하는 데 혼선을 만들게 됩니다.

예를 들어 계면활성제를 검색하면, 합성 계면활성제가 위험하다는 이야기가 먼저 나타날 것입니다. 내용을 살펴 보면 대부분 천연화장품을 판매하는 기업에서 해당 키워드로 정보를 올리거나, 화장품을 만든다고 하는 사람들이 포스팅하는 개인, 기업 블로그가 대부분인 경우가 많습니다. 이는 직접적인 이익관계를 가진 사람들이 제공하는 정보이기 때문에 한쪽으로 치

우칠 수 있습니다. 그러니 배제해야 하는 정보인 것이죠

이렇게 한쪽으로 치우친 정보가 많은 경우, 책을 펼치고 해당 주장들이 맞는 내용인지를 교차검증해보세요. 교차검증을 해도 나오지 않는 정보라면, 고민하지 말고 학술단체에서 발간하는 정보지를 참고하면 좋습니다. 예를 들어 화장품의 경우, '대한화장품협회'에 들어가면, 자주 질문하는 내용들에 대한 정보를 확인할 수 있습니다.

이러한 정보들이 각 학회마다 운영되고 있으니, 좀더 고급 정보가 필요하다면 이런 내용으로 함께 교차검증해보는 것을

대한화장품협회에서 운영하는 화장품 상식 코너

추천합니다.

이러한 과정들을 거치다 보면, 보다 더 논리적으로 데이터를 모으고, 해석하는 능력을 함께 키울 수 있습니다. 또, 타인의 주장에 대하여 어떻게 대응해야 하는지를 배울 수 있는 기회가 될 것입니다.

🐝 한줄꿀팁

책을 읽다가 모르는 화학용어가 있다면 주저하지 말고 온라인 백과사전과 정부 사이트 등을 검색해서 참고하세요. 단 개인 블로그, 기업 사이트 등은 건너뛰시길 바랍니다. 이익 관계가 걸려 있어 잘못된 정보가 많습니다.

1860년대에 발표된
어린이를 위한 가장 오래된 대중과학서
촛불의 과학

마이클 패러데이 저 · 문병렬·신병식 역 · 범우사 · 2019

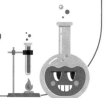

☄️ 어느 크리스마스 강연에서 있었던 일

이번에 소개할 책은 대중과학서 중 가장 오래된 고전입니다. 무려 1860년대에 발표를 한 마이클 패러데이Michael Faraday의 강연을 기반으로 만든 책입니다. 대체 이 책의 매력은 무엇이길래 1860년 강연 이후, 지금까지 오래도록 사랑받을 수 있었을까요? 책을 함께 살펴보겠습니다.

책의 원제는 'The Chemical History of a Candle'로, 패러데

이가 영국 왕립과학연구소에서 진행한 크리스마스 강연을 바탕으로 집필된 책입니다. 굳이 정확하게 이야기하자면, 그가 진행한 강연 내용을 그대로 옮긴 책이라 할 수 있어서 책보다는 강연에 더 가까울지도 모르겠습니다.

패러데이는 영국의 화학자이자 물리학자로 1813년 20대의 젊은 나이로 영국 왕립과학연구소의 조수가 되었고, 이후 1824년 영국 왕립과학연구소의 소장, 1833년 동 연구소 초대 풀러 석좌교수가 된 이력을 보유한, 과학자들의 과학자로 불리는 전설적인 인물입니다. 패러데이의 연구는 현대까지도 기초과학의 주요 이론으로 활용되고 있습니다. 물리학자로서 그는 전자기장에 대한 기본 개념을 확립하여 전자기 유도, 반자성 현상 등 학창 시절에 배운 대부분의 물리학 이론을 탄생시켰고, 화학자로서 그는 벤젠을 발견했고, 양극, 음극, 전극, 이온 등과 같은 다양한 화학개념을 도입했습니다.

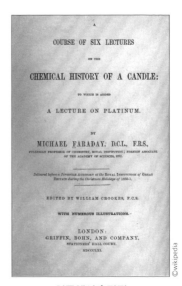

영국에서 출간된
《촛불의 과학》 초판본의 첫 페이지

과학자들의 과학자라고 불릴 만하지 않나요?

마이클 패러데이 초상화

패러데이는 과학강연의 달인이었다고 합니다. 당시 영국 왕립과학연구소는 일반인을 대상으로 과학강연을 다수 진행했었는데, 주로 그 당시 유명한 과학자들이 나와 일반인, 과학에 관심 있는 대중을 대상으로 강연을 했습니다. 패러데이 역시 험프리 데이비Sir. Humphry Davy의 화학강연을 감명 깊게 듣고 그의 조수가 되어 본격적인 과학자의 길을 걷게 되었습니다. 그래서인지 그 역시

왕립과학연구소에서 강연 중인 마이클 패러데이

왕립과학연구소의 소장이 된 이후, 19번의 강연을 진행하여, 최다 강연자로 기록된 바 있습니다. 그리고 이 책의 내용은 그의 마지막 크리스마스 강연 내용입니다.

그의 크리스마스 강연을 그대로 적은 속기록인 이 책은 문장 역시 구어체 그대로 적혀 있어 문어체를 선호하는 경우 잘 읽히지 않을 수도 있습니다. 그럼에도 지금까지 계속 사랑받는 이유는 언제 읽어도 아주 재미있기 때문이겠지요.

🔬 반드시 순서대로 읽자

이 책은 하나의 강연이라 순서가 중요합니다. 예를 들어, 양초 하나로 시작된 관찰은 작은 부분에서 큰 부분으로 시선을 옮겨가며 이어지고, 관찰된 사실과 연관된 이론을 이야기하며 풀어내고 있습니다. 물론 패러데이는 실험을 직접 집에서 해보라 권하지만, 현재 이 책에 나온 실험 재료는 실제 구하기가 어렵습니다. 이 점을 염두에 두고 머릿속에서 상상해보는 것이 더 좋습니다.

《촛불의 과학》의 내용은 모두 강연 속기록이라는 이야기를 앞서 드렸습니다. 그래서 강연 자체를 전부 글로 상상해볼 수 있는데, 패러데이의 강연이 왜 그렇게 인기가 많고, 재미있었는지 충분히 납득되는 경험을 하게 될 것입니다. 그 이유는 이 강연이 단순히 과학 지식을 말로 설명하는 것이 아니라, 눈앞에서 과학자가 실험을 통해 과학 지식을 직접 보여주며 설명하고 있기 때문입니다.

아마도 당시 아이들에게 실제 과학자들의 실험을 선보이며 어떻게 연구가 진행되는지를 낱낱이 보여주어 더 인기가 있었던 것 같습니다. 지금도 신기한데 그 당시 아이들에게는 더욱 마법 같아 보였겠지요.

패러데이는 실험과학자로 굉장히 유명합니다. 필요한 실험 도구를 직접 만들어서 사용하기도 했고, 그가 진행한 실험은 현대 화학 실험교육에 있어 기초 교육자료로 아직도 이용되고 있습니다.

그럼 대체 책에서 어떤 자연 현상을 밝혀내고 있는지 한 번 살펴볼까요?

🔬 양초 하나로 시작된 흥미진진한 과학 이야기

패러데이의 크리스마스 강연은 총 여섯 개의 주제로 구성되어 있습니다. 양초 하나로 시작된 이 과학 강연은, 양초에 불을 붙이는 것으로 포문을 엽니다. 양초에 불을 붙이면 양초 윗부분이 예쁘게 파인 형태를 보이는 것을 볼 수 있습니다. 패러데이는 왜 양초 윗부분이 녹으며 불꽃이 타는지를 질문하며 양초를 구성하는 원료에 대한 화학 개념을 설명합니다.

양초에 불을 붙이는 현상은 화학에서 연소반응에 해당합니다. 연소반응에는 탈 수 있는 원료(=에너지)와 그리고 연소에 필요한 공기가 필요합니다. 패러데이는 이런 과정을 청중들과 함께 관찰하며, 관찰한 사실을 이해하기 위해 필요한 원리를 설명하는 방식으로 강연을 진행합니다.

가령, 양초에 붙은 불꽃은 연소반응을 이어가기 위해 에너지가 필요하고, 그 에너지는 양초로부터 공급받습니다. 양초는 어떻게 에너지를 공급할까요? 패러데이는 이때 '모세관 인력'에 의해 양초가 촛불 쪽으로 끌려 올라가며 에너지를 공급하고 지속적으로 불꽃이 유지될 수 있도록 하는 것이라 설명합니다.

모세관 인력은, 모세관에서 액체를 상승 혹은 하강시키는 힘을 말합니다. 그리고 이 힘은 모세관을 액체 속에 넣었을 때 발생되며, 모세관 안의 액체 높이가 모세관 밖의 액체 높이보다 높아지거나 혹은 낮아지는 현상을 초래합니다. 그래서 '모세관 현상'이라 부르고, 모세관 현상을 일으키는 힘을 모세관 인력,

혹은 모세관 척력이라고 부르는 것입니다. 양초에 불을 붙인 것 하나로, 모세관 현상까지 파악할 수 있다니 놀랍지 않나요? 그럼 책의 활동을 좀더 확장해 보겠습니다.

🔬 이 책 활용법

패러데이는 실험을 하며 강연을 진행했습니다. 그럼 정말 이 실험, 지금도 할 수 있을까요?

대답은 '그렇다'입니다. 집에서 어른이 있다면, 함께 양초에 불을 켜고 패러데이가 설명한 현상이 실제로 발생되는지 확인해 볼 수도 있고, 혹은 모세관 현상을 보여줄 수 있는 또 다른 방법으로 실험을 진행해볼 수도 있습니다.

그렇다면 여러분이 집에서 할 수 있는 모세관 실험이 무엇이 있을까요? 물을 활용해보면 비슷한 현상을 관찰할 수 있을 것입니다.

좋아하는 물감을 물에 풀어, 컵이나 병에 담아 보세요. 그리고 하얀색 디퓨저 스틱을 꽂이거나 다음 그림처럼 종이꽃을 접어 병에 꽂아보는 것입니다. 이렇게 액체가 담긴 곳에 얇은 관을 꽂으면, 얇은 관을 타고 액체가 위로 상승하게 됩니다. 이후 시

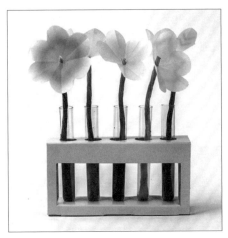
집에서 할 수 있는 모세관 실험

간이 지나면, 물감의 색이 종이꽃에 퍼지는 것을 관찰할 수 있습니다. 이것이 바로 모세관 현상이고, 이 현상을 응용한 실험 방법이 바로 크로마토그래피Chromatography 입니다. 이 방법은 단순히 색깔을 분리하는 데 그치는 게 아니라 혼합물 속 성분을 분리하고, 분석하는 데 다양하게 쓰이고 있습니다. 이 외에도 이 책에는 다양한 실험이 꽤 많이 나옵니다. 그리고 재밌게도 그 실험들은 모두 교과서에 수록된 실험들이니, 현대의 실험은 어떻게 진행되는지를 비교해보면서 패러데이가 어떻게 설명했는지를 떠올려보길 바랍니다.

패러데이는 자신이 과학강연을 통해 과학자가 된 것처럼, 많은 아이들에게 과학강연을 해주기 위해 노력했습니다. 그 덕에 영국 왕립과학연구소는 그의 뜻을 기려 지금도 크리스마스 강연을 하고 있고, 이 강연에 다양한 환경의 아이들이 올 수 있도록 홍보하고 있습니다. 여러분이 만약 이 책을 읽고 과학이 신기하고 또 재밌다고 느꼈다면, 하늘에 있는 패러데이가 가장 뿌듯해할지도 모르겠습니다.

🐝 한줄꿀팁

현대 방식으로 재해석한 패러데이의 실험을 직접 수행해봅시다. 수백 년 차이에도 변함없는 화학의 신비를 느낄 수 있을 거예요.

알고 보면 너무 재미있는 주기율표

주기율표를
읽는 시간

김병민 저 · 장홍제 감수 · 동아시아 · 2020

🧪 화학의 기본, 주기율표를 쉽게 풀다

주기율표를 읽는 시간, 이 책의 제목부터 심상치 않죠? 제목 그
자체에서 이 책의 내용을 보여주고 있어서 제 부연설명이 적합
할지는 모르겠습니다. 그럼에도 '주기율표는 또 뭐야'라는 생
각에 손과 마음이 떨리는 독자들이 있으니 이에 대한 거부감을
털어내는 시간을 가져보겠습니다.

혹시 화학의 기본이 무엇이라고 생각하나요? 화학을 공부하

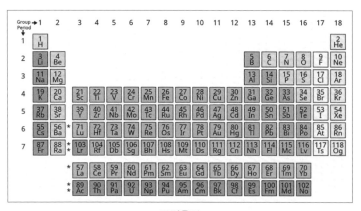

주기율표

는 많은 사람은 이 질문에 '주기율표'라는 대답을 할 것입니다. 맞습니다. 화학의 기본은 학생들이 가장 싫어하는 주기율표입니다. 안타깝게도 화학에서 주기율표는 필수라, 반드시 숙지가 필요합니다.

주기율표는 암호 같은 알파벳과 숫자로 이뤄져 있습니다. 그래서 주기율표의 원소기호만 보고 그것이 무엇인지 추측하기는 어렵습니다. 전문가라 해도 118개의 모든 원소 중에 자주 사용하는 원소를 제외하고는 해당 원소의 특성을 전부 외우지는 않습니다. 저희도 새로운 원소를 사용해서 실험을 할 때, 주기율표를 바탕으로 원소의 특성을 찾아보곤 합니다. 이렇듯 이 책은 전문가도, 일반인도 주기율표를 보다가 궁금하면 쉽게 찾아볼 수 있도록 구성되어 있습니다.

저자는 이토록 아름답고 재미있는 주기율표를 그저 시험을 위해 외우고 자란 세대가 화학을 어렵게 느끼는 현실에 안타까움을 느꼈다고 합니다. 그래서 누구나 주기율표를 쉽게 이해할 수 있는 책을 저술했다고 합니다. 이러한 작가의 마음을 헤아리면서 책의 내용을 깊숙이 살펴보겠습니다.

주기율표는 화학의 알파벳이다

앞서 이야기한 내용을 다시 언급해보겠습니다. 화학의 기본이 무엇이라 했는지 기억하나요?

화학의 기본은 '주기율표'입니다. 화학은 어떤 물질이 변화하고, 이 변화하는 과정에서 발생하는 에너지의 변화를 추적하는 학문입니다. 물질의 변화와, 그 에너지를 모두 관찰하고 있어, 세부 분야가 넓다는 특징을 갖습니다. 그래서 화학에서 가장 중요한 키워드는 물질입니다. 결국 물질이 있어야 물질의 변화도 발생할 것이고, 그래야 에너지도 변화할 것이기 때문이죠.

그럼 이 물질은 무엇으로 구성될까요? 정답은 '원소'입니다.

원소 그 자체가 물질인 경우도 많습니다. 화학에서 말하는 물질은 질량과 부피가 있는 것을 말하고, 그래서 원소 그 자체 혹은 원소가 합쳐진 화합물 모두가 물질에 해당할 수 있습니다. 그래서 주기율표가 필요한 것입니다. 주기율표는 지금까지 보고된 원소들을 원자번호 순서대로 나열한 표로, 세상에 존재하는 모든 원소가 적힌 도표입니다.

앞서 화학은 물질을 연구한다 했고, 물질은 원소로 구성된다고 했습니다. 이제 좀 감이 오나요? 화학을 알기 위해서는 반드시 원소를 알아야 하고, 그러니 원소를 배치한 도표인 주기율표가 꼭 필요해지는 것입니다. 저는 제 수업에서 혹은 강연에서 주기율표를 언어에 비유합니다. 우리가 영어를 배우기 위해 알파벳을 알아야 하는 것처럼, 주기율표 안의 원소들은 언어를 사용하기 위한 도구가 되어야 하는 것이죠. 그런데 다들 이를 모르고 화학을 공부하니 화학이 불편할 수밖에 없는 겁니다. 저자 역시 이러한 현상을 안타깝게 여겼을 거라 생각합니다. 주기율표를 모르고 화학을 공부한다는 것은 알파벳을 전혀 모르면서 영문법을 배우는 것과 같습니다.

이 책은 알파벳을 모르는 사람에게 A, B, C, D 를 가르치는 책이라 생각하면 좀더 쉽게 느껴질 것입니다. 그런 맥락에서 책을 보는 방법을 추천해보면, 꼭 앞에서부터 읽기를 추천합니다. 이 책은 앞에서 봐도 되고 뒤에서 봐도 되는 독특한 구성을 가지고 있는데, 앞에서 읽는 내용과 뒤에서부터 읽는 내용이 다릅니다.

만약 화학에 대한 기초가 필요한 경우라면, 책을 앞에서부터 읽는 게 좋습니다. 책의 앞 내용에는 화학의 기본인 원소가 어떻게 생성되었는지, 우주 대폭발부터 원소의 탄생을 하나의 이야기로 설명하고 있습니다. 각 원소들이 주기율표라고 하는 건물을 어떻게 지었는지, 주기와 족이 무엇인지, 원소들의 특성을 어떻게 파악할 수 있는지 등 중·고등학교에서는 깊게 배우지 않지만 대학의 기초교양 화학에서 다루는 범주까지 설명하고 있어서, 꼭 학생이 아니더라도 화학 산업에 관심이 있거나 혹은 화학을 처음 접하는 입문자가 읽기 좋게 서술되어 있습니다. 마치 하나의 강연처럼 말입니다.

그렇다면 책의 후반부부터 읽으면 어떤 장점이 있을까요? 원소들의 사전과 같은 형식으로 구성된 후반부는 제가 제일 좋아하는 부분이기도 합니다. 앞서 주기율표 안에 있는 원소들은 화학의 언어라고 말씀드렸습니다. 우리가 영어 단어를 모두 다 잘 기억하는 것이 아닌 것처럼 전문가들도 자주 사용하는 원소는 잘 알아도, 그렇지 않으면 원소에 대해 잘 모를 수 있습니다. 그래서 이 책을 곁에 두고 필요할 때마다 참고를 하곤 합니다. 여러분도 모든 원소들을 외우려고 하기보다는 책이나 강의에서 모르는 원소가 나왔을 때 사전처럼 펼쳐 볼 수 있도록 책의 내용을 눈에 담아두세요. 이 책 한 권만으로도 든든한 내 편이 생긴 기분이 들 거예요.

🔬 이 책 활용법

이 책을 좀더 전문적으로 활용하려면 어떤 방법이 있을까요? 책을 읽다 보면 노란색 하이라이트 밑줄이 들어간 것을 볼 수 있는데요. 바로 이 부분을 고민하며 또 기억하며 읽는 것을 추천합니다.

어린 시절 노트에 필기하며 선생님이 강조한 부분을 '밑줄 쫙', 돼지꼬리 혹은 별표로 강조하던 필기 습관을 기억하시나요? 이 하이라이트가 바로 그 강조된 '밑줄 쫙'에 해당할 것 같습니다. 그러니 책을 보며 하이라이트를 기억했다가 이 부분에 대해서 토론이나 관련 내용을 찾아보는 활동을 해보는 것도 좋습니다.

예를 들어보겠습니다. 우주를 담은 주기율표 섹션에는 고대 그리스의 원자론에 대한 설명이 나옵니다. 고대 그리스 철학자인 엠페도클래스 모형에 대한 이야기를 설명하고 있는데 여기서 밑줄로 표기된 부분을 살펴보면, 아래와 같은 내용이 나옵니다.

> 비록 과학적으로 증명될 수 없는 이론이었고, 어디까지나 과학이 아니라 사상가들의 철학적 공상, 심지어 마법과 같았지만 당시에 자연 세계가 어떻게 구성되는가에 대한 고찰이 있었다는 것만은 부인할 수 없습니다.

그렇다면 과학적으로 증명할 수 없는 이론은 쓸모없는 것일까요? 책에서는 과학적으로 증명되지 않았지만 그리스의 원소설에 대한 설명에서 자연을 탐구하기 위한 노력이 있었음을 이야기합니다. 그럼 이 원소설은 어떻게 현대 과학으로 발전할 수 있었을까요? 책을 보며 이런 내용을 함께 고민해보는 것을 추천합니다.

실제 고대 그리스에서는 4원소설, 5원소설과 같은 이 세상을 구성하는 물질에 대한 철학자들의 토론이 있었습니다. 이 사상은 과학으로 빠르게 발전하지는 못했고, 중세유럽에서는 연금술로, 그리고 동양에서는 음양오행으로 퍼지며 불로장생에 대한 약초 찾기로 확장되었다고 합니다. 그리고 이러한 움직임 덕분에 연금술이 현대 유기화학으로 또, 불로장생을 위한 약초 찾기 덕분에 약초에 대한 전문적 지식이 확장되었다고 말합니다. 철학적 공상이 과학으로 발전하기까지 상당히 많은 시간은 필요했지만, 어찌되었건 현대 과학이 시작되는 씨앗으로 그리스의 원소설은 중요한 아이디어가 된 것입니다.

그럼 책의 후반부는 어떻게 활용하면 좋을까요? 예를 들어 원자번호 3번 리튬을 살펴보겠습니다. 우리는 핸드폰, 스마트폰을 사용하며 전지를 사용하는데, 이를 구성하는 원자가 바로 리튬입니다. 리튬이온 배터리는 산화 환원반응을 통해 전자가 이동하는 원리를 이용하는데요.

그럼 왜 하필 배터리에서 리튬을 사용할까요? 그 이유는 리튬이 매우 낮은 전위에서 산화환원 반응이 잘 일어나기 때문입니다. 더욱이 리튬은 원자번호 3번으로 작고 가벼워서 같은 부피 안에 더 많은 리튬을 사용할 수 있어 많은 에너지 저장이 가능합니다. 그래서 최근까지 리튬전지 개발을 활발하게 진행 중이죠.

이렇듯 후반부는 순서대로 읽기보다 궁금한 원소를 찾아가면서 보는 것이 더 유용합니다.

이 책은 나의 흥미와 기준에 맞춰 읽을 수도 있고, 필요한 부분만 발췌해서 실속 있게 읽을 수도 있다는 것이 큰 장점입니다. 만약 여러분이 화학의 기초를 다지고 싶다면, 이 책을 곁에 두고 사전처럼 활용하기를 바랍니다. 금세 화학의 언어에 익숙해진 자신을 발견하게 될 것입니다.

 한줄꿀팁

초보들은 책을 앞에서부터 읽고, 화학을 좀 아는 사람들은 후반부에서부터 읽어도 좋습니다. 자신의 수준에 맞춰 책을 읽어보세요.

딱 한 권으로 중·고등학교 화학 개념 끝내기

친절한 화학 교과서

유수진 글 · 반성희 그림 · 부키 · 2013

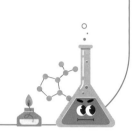

이보다 더 쉬운 화학 기초 책은 없다

지금까지 다양한 책을 소개했습니다. 주로 화학에 아주 작은 관심이 있으면 읽을 수 있는 책이었습니다. 물론 그중에는 어른을 위한 책도 꽤 있었고, 화학 전공을 생각하는 친구들을 위한 책도 많았습니다.

그렇다면 화학이 진짜 체질이 아니라고 말하는 사람들은 무엇부터 읽어야 할까요? 이번에 소개할 책은, 화학을 싫어하고 어려워하는 중·고등학생들을 위한 친절한 화학책입니다.

이 책의 저자는 MBC, KBS, EBS 등에서 활동한 방송작가입니다. 대학에서 화학을 전공했고, 퀴즈와 수학을 좋아하는 멘사 회원이기도 한 독특한 이력을 가지고 있습니다. 특히, 가족과 함께 미국에 머물던 시절 영재 학급에서 수학과 과학을 가르친 경험도 있다고 합니다.

지금부터 책을 간단하게 살펴볼까요? 이 책은 중학생인 아이에게 교과서를 설명해주는 엄마의 이야기라고 생각하면 이해하기 쉬울 것입니다. 실제로 원고를 쓰고 아이에게 피드백을 받으며 수정했다는 내용이 있습니다.

이 책의 가장 큰 특징은, 교과서 설명이 그대로 들어간다는 점입니다. 실제 책의 순서는 교과 과정 순으로 배열이 되어 있고, 교과서처럼 화학의 기본 개념과 원리를 설명한 뒤 이러한 현상을 볼 수 있는 일상 속 활용 예시가 기술되어 있습니다.

먼저 책의 목차를 살펴보면, 딱 화학의 기본을 배운다는 생각을 할 수 있을 것입니다.

총 9개의 주제로 정리된 목차는, 화학에서 기본적으로 알고 있어야 하는 개념들을 다루고 있습니다. 그래서 예전에 배운 것이 궁금한 고등학생이나, 선행학습은 부담스럽지만 그래도 맛보기 화학을 배우고 싶은 예비 중학생 혹은 초등학생에게도

《친절한 화학 교과서》 목차

적합할 것입니다.

화학기호가 나와 어려운 것이 아닐까 하고 걱정할 수도 있지만, 딱 개념을 설명하는 정도이기 때문에 부담스럽지 않습니다. 대신 화학기호와 화학식들의 구성 원리를 쉽게 설명하고, 복잡한 개념을 표로 정리해 처음 화학을 접하는 사람들도 이해하기 쉽게 하였습니다.

또한 이 책은 엄마가 아이에게 설명하는 콘셉트로 만들어졌습니다. 그래서 책에 나오는 화자는 엄마이고, 아이에게 교과서를 설명하는 방식으로 글을 전개합니다. 이런 구성은 다른 대중과학서와는 다른 결을 취하고 있습니다. 일반적인 대중과학서들이 에세이처럼 하나의 주제 안에 다양한 화학적 지식을 예시를 들며 설명하는 반면, 이 책은 교과서 특정 단원에 대한 설명을 해주고 있습니다. 물론 학교 수업과 달리 상냥한 목소리로 아주 재밌게 말입니다.

여러분이 학교에서 화학 첫 수업을 듣는다고 가정해봅시다. 수업을 듣기 위해 교과서를 폈는데, 일단 단원이 어렵게 느껴집니다. 그런데 선생님께서 들어오시더니 출석을 부르자마자 바로 단원에 대한 어려운 과학적 설명을 열정적으로 해준다면 어떨 것 같나요? 이해가 잘 될까요? 여러분의 머릿속에 내용이 잘 정리될까요? 사람마다 다르겠지만, 기억에 잘 남지 않고 어렵다고 느낄 수 있을 것입니다.

저자는 이런 부분을 염두에 두고, 해당 단원을 왜 배워야 하는지 관심을 유도하기 위해 단원 주제가 드러나는 생활 속 현상을 예시로 설명하며 이야기를 시작합니다.

예를 들어, 2장 분자의 운동을 설명할 때 도입부에 끊임없이 움직이는 분자들의 예시를 언급합니다. 컵 안에 고여 있는 물, 나른하게 누워 있는 베개, 방 안을 가득 채우고 있는 공기는 모두 분자이고, 각자 위치에서 끊임없이 움직인다는 것을 설명합니다. 그리고 이 끊임없이 움직이는 분자들 덕분에 물이 증발할 수 있고, 향이 확산할 수 있음을 알려주고 있습니다. 이를 통해 물이 기체가 되고, 향기가 퍼져나갈 수 있음을 인지한 뒤, 본격적으로 이론을 공부하게 되는 것입니다.

이어서 저자는 '증발'은 액체에서 기체가 되는 것이라고 개념을 설명합니다. 컵에 담긴 물을 하루 종일 놔두면 물이 줄어드는데, 이때 액체였던 물의 일부가 기체가 되어 공기 중으로 날아가게 되는 것입니다. 그리고 곧이어 질문을 던집니다.

'끓음'은 '증발'과 어떤 차이가 있을까요?

증발은 액체의 표면에서 물 분자가 일부 기체가 되는 현상입니다. 반면, 끓음은 끓는점에 도달한 액체가 여기저기서 튀어나와 기체가 되는 현상입니다. 즉, 증발은 액체의 표면, 끓음은 액체 내부, 표면과 상관없이 나타나는 현상이니 위치가 달라집니다. 이런 내용을 쉬운 표현으로 정리하고, 다양한 그림들을 사용해서 이해하기 쉽게 적혀 있는 것이 이 책의 특징입니다.

🔬 지식은 쌓아가는 것

이 책은 교과서를 따라 진행되므로, 처음부터 순서대로 읽는 것이 가장 좋습니다. 교과서는 어떤 학문을 배울 때 지식을 쌓아가기 좋은 형태로 구성되는 것이 일반적입니다. 작은 개념부터 큰 개념으로 내용을 확장할 수 있도록 구성되기 때문이지요.

또, 주제에서 설명한 개념을 실제로 체험해볼 수 있는 예시도 알려줍니다. 예를 들어 '압력'은 누르는 힘을 말하는데, 우리가 밀가루로 수제비를 만들 때처럼 반죽을 누를 때 세게 누르면 깊숙이 손이 들어가고, 살짝 누르면 손이 얕게 들어갑니다. 바로 이런 것이 압력입니다.

저자는 압력의 원리를 사용한 예로 '설피'를 알려줍니다. 설피는 옛날 사람들이 눈 쌓인 길을 걸을 때 신었던 신발로, 바닥이 보통 신발보다 훨씬 넓기 때문에, 바닥에 닿는 면적이 넓어지면서 몸무게를 분산시킵니다. 그래서 발밑의 눈을 살짝 누름으로서 깊이 빠지지 않게 해주는 것입니다. 이런 내용으로 압력에 대해 배운다면, 훨씬 더 오래도록 기억할 수 있지 않을까요?

🔬 이 책 활용법

지식은 자주 사용하지 않으면 금방 잊어버리곤 합니다. 피아노를 어린 시절 배웠다가도 자주 연습하지 않으면 금방 잊어버리는 것처럼 말입니다. 화학도 마찬가지입니다. 배운 것들을 오래도록 기억하기 위해서는 반복하는 것이 중요합니다.

책은 소주제마다 엄마표 간단 정리를 제공하며 한 번씩 요약을 해주고 있습니다. 그리고 주제가 쌓인 단원이 종료가 될 때,

단원에 있는 모든 개념이 포괄적으로 포함된 읽을거리를 제공해줍니다. 이 부분을 읽어보며 앞의 개념을 체크해보는 활동을 한다면 더 책을 깊게 이해할 수 있을 것입니다.

이 책의 가장 큰 장점 중 하나는 표입니다. 화학은 서로 다른 것들을 비교하며 개념을 정리하는 경우가 많은데, 그런 상황에서 아주 유용합니다.

주제마다 도식화된 간단 표들을 기반으로 여러분만의 노트 정리를 해본다면, 노트 하나를 다 작성할 무렵, 화학에 대한 기본 개념을 완벽하게 마스터할 수 있을 것입니다.

🐝 한줄꿀팁

만약 시간이 없다면 책에 나와 있는 표들만 쭉 살펴보세요. 원리가 한눈에 이해될 것입니다.

PART 2

알아두면 정말
쓸모 있는 화학 지식

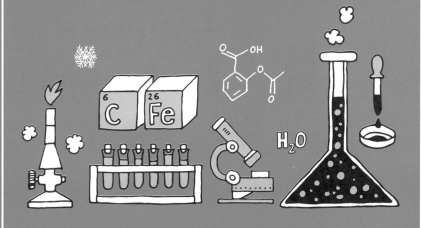

특명, 화학에 대한 가짜 뉴스를 잡아라!

화학, 알아두면 사는 데 도움이 됩니다

씨에지에양 저 • 김락준 역 • 지식너머 • 2019

🧪 화학에 관한 일상 속 미신들

여러분은 마트에 가면 어떤 제품을 고르나요? 우리가 제품을 고를 때는 각자의 기준에 맞춰 구매를 합니다. 그 기준이 누군 가에게는 가격, 제품의 양, 추가 상품 마케팅 같은 것들이 해당 될 수 있을 것입니다. 그리고 또 어떤 이들은 '무첨가'라는 말에 혹하기도 할 것입니다.

언젠가부터 무無첨가, 논케미컬non-chemical, 실리콘프리siliconefree, 무파라벤無-paraben과 같은 단어가 크게 붙인 물건들이 많이 보입니다. 방부제를 첨가하지 않았다고 하는 화장품부터 시작해서 의약품에 사용하는 방부제가 암을 일으킨다는 뉴스, 실리콘이 첨가된 샴푸로 머리를 감으면 세정력이 떨어진다는 이야기 등 화학물질에 대한 다양한 소문들이 팽배합니다. 그런데 이 이야기들은 사실일까요?

과학적으로 사고했을 때 이런 이야기들은 대부분 가짜 과학입니다. 세상에 화학물질이 첨가되지 않은 제품은 존재할 수 없기 때문이죠. 하다못해 인간 역시 화학물질인데, 화학이 나쁘다고 배제해야 한다면, 인간은 어떻게 생활해야 하는 것일까요?

지금도 그렇지만 가짜 과학은 늘 공포 마케팅의 한 축으로 작용하고 있습니다. 그리고 이런 현상은 우리나라만의 문제는 아닙니다. 이번에 소개할 책은, 외국에서 출간되어 국내에 번역된《화학, 알아두면 사는 데 도움이 됩니다》입니다. 제목부터 직관적인 이 책은, 일상생활 속에서 우리에게 노출되는 가짜 과학 뉴스와 마케팅을 저격하고 있습니다.

이 책의 저자인 씨에지에양은 화학공학자로 대만의 미용브랜드 회사를 창립한 CEO이기도 합니다. 화학공학자이자 대표인 저자가 일상 속에서 마주하는 화학에 관한 공포 마케팅에 대해 조목조목 설명하고 있는데요. 정말 재밌는 점은, 저자가 외국인이란 사실을 전혀 느끼지 못할 정도로 이러한 공포 마케팅이 우리에게도 아주 익숙하다는 것입니다.

책에서는 국가를 뛰어넘어 통용되고 있는 공포 마케팅 48가지에 대해 자세히 설명하고 있습니다. 교양화학 서적 중, 이후에 소개하게 될《걱정 많은 어른들을 위한 화학 이야기》와 구조적으로 유사하다고 느낄 수도 있습니다만, 두 책은 다루고 있는 주력 분야가 다릅니다. 그러한 이유로 각 용도에 맞게 책을 활용하는 것이 좋습니다. 그럼 어떤 점에서 다른지 자세히 살펴볼까요?

가짜 화학이 가장 난무하는 산업은 어디일까

먼저 함께 목차부터 살펴보겠습니다. 이 책은 크게 네 가지 주제에 대하여 이야기하고 있습니다.

- Part 1. 밥상에 관한 화학 상식
- Part 2. 세안과 목욕에 관한 상식
- Part 3. 미용에 관한 상식
- Part 4. 청소에 관한 상식

다른 교양서적과 차별화되는 이 책의 장점은 바로 Part 2와 Part 3에 있습니다. 다른 책에서는 자세히 이야기하지 않는 세정제와 화장품에 대한 주제를 다루고 있기 때문입니다.

　　가장 많은 가짜 화학이 난무하는 곳이 어디일까요? 화학산업에서 일을 하고 있는 현직자 입장에서 화장품과 건강기능식품 분야를 이길 곳은 없다고 생각합니다. 마침 이 책의 저자도 저와 비슷한 생각을 하고 있는지, 바이오산업에서 돌아다니는 카더라 소문에 대해서 매우 자세하게 설명하고 있습니다. 이러한 설명이 가능한 이유는 저자 본인이 화장품의 원료인 히알루론산hyaluronic (동물 등의 피부에 많이 존재하는 생체 합성 천연 물질)을 합성하던 연구자 출신이기 때문일 것입니다. 그래서 이 책에는 청소년부터 성인까지, 피부에 관심이 있는 사람이라면 누구나 궁금한 이야기가 들어 있습니다.

　　책을 보며 이 저자가 '찐' 화학자구나 싶어 혼자 웃었던 부분이 하나 있습니다. 바로 계면활성제에 대한 부분입니다. 책에는 이런 내용이 나옵니다.

　　앞에서 설명한 것처럼 비누와 합성세제는 똑같은 세정 원리를 가진 계면활성제이다. 따라서 '천연', '유기농', '식물성', '수제'는 중요하지 않다. 수제 비누라고 해서 공장에서 대량 생산된 비누보다 반드시 더 좋은 것은 아니고, 보디클렌저라고 해서 비누보다 더 나쁜 것은 아니다. 세정제의 투명도나 색깔은 품질과 절대적인 관계가 없다. '유기농', '천연 유래'이면 무조건 안전하리라 생각하고 덮어놓고 믿어도 안 된다.

실제 화학자인 제가 학생들에게 수업을 하며 여러 번 강조했던 내용인데요. 나만 이런 생각을 하는 것이 아니라, 역시 화학을 한 사람은 다 같은 생각을 하는구나 싶어 공감도 되고, 또 이 글을 쓰며 가짜 과학을 퍼트리는 사람들을 향해 오만가지 감정을 품었을 저자의 모습이 그려져 웃음이 새어나왔답니다.

위에 적은 내용을 책에서는 한 줄로 이렇게 요약을 하고 있습니다.

"원료와 제조 과정은 중요하지 않다."

저는 이 표현을 이렇게 바꿔서 말하고 싶습니다. 원료의 고향은 안전을 담보하지 않는다고 말이죠.

이렇게 책에는 우리가 인터넷에서 쉽게 접하는 다양한 카더라 소식과 그 소식에 대한 화장품 소재를 개발하는 연구자의 의견이 함께 기재되어 있습니다. 실제 거대 브랜드를 운영하는 대표의 입장도 함께 녹아 있기 때문에 더 신뢰도 가고, 현실이

답답한 현직자의 하소연도 함께 느껴져 이 책이 더욱 재미있을 것입니다.

⚛ 이 책 활용법

그래서 이 책을 볼 때, 아래 세 가지 기준을 생각하며 읽어보는 건 어떨까요?

- 저자가 제시한 사건
- 사건에 대한 저자의 생각
- 여러분이 찾아본 해당 사건에 대한 여러 이야기들

위의 내용을 하나하나 검증해 보며 사건의 본질이 무엇인지, 사실 여부와 달리 무턱대고 화학을 무섭게 생각했던 적은 없었는지 생각해봐야 합니다.

일상에서 우리는 화학이 포함된 제품을 사용하지만, 해당 제품의 화학적 원리는 알지 못합니다. 그래서 인플루언서, 연예인 등 유명인이 한 말을 그대로 믿는 경우가 많습니다. 책에서도 소개한 내용 중 하나인 차가운 물로 씻으면 피부에 좋다는 내용도 비슷한 맥락의 이야기 중 하나입니다. 정말 차가운 물로 씻으면 피부는 좋아질까요?

저자는 여기서 '제대로 씻길 수 있는지'에 대한 의문을 품습니다. 때의 종류를 고려할 때 환경에서 오는 먼지, 피부에서 분비된 피지, 화장품으로 인한 메이크업 잔여물은 각자 필요한 클렌징 조건이 모두 다르며, 그래서 무턱대고 찬물만 필요하지도, 뜨거운 물만 필요하지도 않다는 것이죠. 이런 근거 없는 소문은 사실 여러분이 한 번만 되물어 보면 오류가 있다는 것을 쉽게 알 수 있을 것입니다.

만약, 얼음물로 세안했을 때 피부가 팽팽해져 주름이 안 생기고 젊어질 수 있다면, 피부과에서 리프팅 시술이 왜 존재하겠습니까? 또 성형수술이 있으면 안 되지 않을까요? 얼음물로 씻기만 하면 피부가 팽팽해질 텐데 왜 성형을 하는 것일까요?

말을 뒤집어서 이렇게도 표현할 수 있을 것입니다. 얼음물로 세안해서 젊어진다면, 뜨거운 물로 씻으면 피부가 처지나요?

이렇게 책을 읽어보면 여기서 설명한 화학 지식이 어렵게 느껴지지 않을 것입니다.

이처럼 이 책의 특징은 화학이론이 많지 않다는 점입니다. 약간의 화학 지식은 동반되나 상식적인 수준에서 이야기가 진행되기 때문에, 비슷한 종류의 서적 중에서 가장 입문에 해당

합니다. 가볍게 책을 읽으며 저자의 질문에 대답을 해보세요.
더 즐거운 독서를 할 수 있을 것입니다.

 한줄꿀팁

평상시에 화학제품에 대한 이미지는 어떤가요? 근거 없는 두려움이 있었는
지 질문을 통해 다시 되돌아봅시다.

화학의 눈으로 바라본 당신의 24시

화학으로 이루어진 세상

K. 메데페셀헤르만, F. 하마허, H. J. 크바드베르제거 저 · 권세훈 역
에코리브르 · 2007

독일화학회에서 '화학의 해'에 야심차게 출간한 책

화학은 이제 삶에서 분리하기 어렵습니다. 먹고, 입고, 사용하
는 모든 것이 화학이고, 심지어 생명체를 가진 동물과 식물 역
시 화학으로 설명할 수 있기 때문입니다. 그러한 이유로 우리
는 서점에서 여러 종류의 화학 서적들을 만나게 됩니다. 이 많
은 서적, 대체 어떤 점이 다르기에 이토록 다양하게 출판되는
것일까요? 그것은 바로 누가 화학을 소개하는지, 또 어떤 분야

의 화학을 소개하는지에 따라 달라지기 때문입니다.

이번에 소개할 책은, 화학을 공부한 과학 저널리스트와 기업 소속의 화학자들이 공동 저술한 《화학으로 이루어진 세상》입니다. 이 책은 독일에서 출간된 책으로, 원서 제목은 '화학 24시Chemie rund um die Uhr' 입니다. 이 책의 원서가 출간된 시점은 독일에서 지정한 2003년 화학의 해로, 이를 맞이하여 독일화학회에서 야심차게 준비했다고 합니다. 실제 2003년 화학의 해의 공인 도서로 선정되기도 했습니다.

🔬 화학이 없는 세상 vs. 화학이 있는 세상

이 책의 기본 콘셉트는 '화학 24시'라는 원제 그대로, 누군가의 하루를 화학적 지식을 바탕으로 관찰합니다. 하루 24시간 동안 일어나는 '화학적 사건들'을 시간대별로 추적하는 형태를 취하는 이 책은 한 사람의 꿈에서부터 시작합니다.

책의 화자는 화학이 없는 세계에 사는 꿈을 꾸게 됩니다. 짝사랑하던 상대는 비타민D를 먹지 못해 구루병에 걸려 허리가 구부정하고, 항생제가 없는 세상 덕에 꿈에서 낳은 아이는 홍역으로 사망했습니다. 기저귀가 없어 아이가 엉덩이를 내놓고 다니고, 비누가 없어 집을 깨끗하게 청소하지 못하는 세상입니다. 냉장고가 없어 제대로 식재료를 보관하지 못하는 암담한 세상을 담담히 설명합니다.

여러분은 화학이 없는 이 세상이 어떻게 느껴지나요? 저는 플라스틱이 없어서 아이들이 프탈레이트Phthalates에 대한 위협을 느끼지 않아도 되고, 최소한 환경은 덜 오염되겠다는 생각이 들었습니다. 그리고 바로 이어서, 식재료를 제대로 보관하지 못하고, 비누가 없어 씻지 못해 발생할 미생물의 공격에 머리가 아찔했습니다.

저자는 책의 서두에서 화학이 없는 세상을 먼저 그려주며 우리의 상상을 일깨웁니다. 화학이 정말 인간에게 유해한가? 우리는 화학 없이 살아갈 수 있을까? 하는 생각이 절로 듭니다.

아마 이 책을 읽으며 '화학기술이 이렇게 많았다고?'라는 생각이 들 수도 있습니다. 화학이 생활 속 밀접하다고는 하지만 막상 느끼지 못하는 경우가 많은데, 이 책은 서두부터 강력한 한 방으로 앞으로 우리가 읽게 될 화학기술이 무엇인지 잘 설명해주고 있습니다. 화자의 악몽을 기반으로 무엇이 화학인지 염두에 두며 책을 읽어보면 좋을 것입니다.

🔬 화학은 정말 다양해

이 책에서는 섬유화학 분야도 소개하고 있습니다. '7시 36분'에 만나는 직물에 대한 이야기는, 우리에게 옷감(=섬유)도 화학으로 만든다는 사실을 상기시켜줍니다. 일반인은 모든 의류 소재가 섬유 공장에서 만들어진다는 점은 알아도, 이를 개발하는 사람들이 화학자라는 사실을 잘 모르기 마련인데요. 우리에게도 익숙한 섬유 종류를 언급하면서 이를 상세히 설명합니다.

여러분은 비스코스라는 원단에 대해 들어봤나요? 비스코스는 셀룰로스를 가공해서 만들어낸 인조섬유입니다. 셀룰로스는 목재에서 얻어지는 식물성 섬유소로 화학처리를 통해 실 형태로 만들어냅니다. 이와 유사한 방법으로 만들어내는 섬유 중에는 모달도 있습니다.

혹시 테플론을 아시나요? 프라이팬에 사용되는 이 테플론은 얇은 비닐처럼 만들어낼 수 있는데, 이것을 박막이라 부릅니다. 얇은 막이란 뜻이죠. 그리고 이 얇은 막을 고안해낸 과학자의 이름이 밥 고어 Bob Gore 라, 우리는 이 막을 고어텍스라 부릅니다. 우리가 아는 방수재킷은 이 고어텍스를 섬유에 덧입혀 옷감을 제작할 수 있습니다. 그렇다면 이 고어텍스는 어떻게 옷으로 제작이 가능했을까요? 고어텍스에는 아주 많은 양의

미세한 구멍이 존재합니다. 이 구멍은 표면장력에 의해 물방울이 통과하지 못하지만, 기체상태가 된 물 분자는 통과할 수 있습니다. 그래서 외부에서 물은 들어오지 않고, 땀이 나는 피부에서 올라오는 김은 통과할 수 있어 많은 스포츠 의류에 사용하게 되었습니다. 이렇게 책에는 우리가 일반적으로 생각하지 못한 화학산업이 함께 소개되어 회학의 다양한 쓰임에 대해 알 수 있습니다.

저는 이 책을 진로를 고민하는 청소년부터 대학생들에게 추천합니다. 책의 내용이 다소 어렵게 느껴지지만, 그래도 화학에는 이런 분야가 있다는 사실을 알려주기에 적합한 책이라고 생각합니다. 유기화학, 분석화학, 생화학, 전기화학, 반도체화학, 섬유화학, 석유화학, 염료화학 등 대학 실험실에서도 접하기 어려운 화학기술이 소개되고 있어, 이보다 더 좋은 진로 교재는 없을 것입니다.

그렇다면 대놓고 전문가도 딱딱하다고 하는 이 책, 어떻게 보면 재미있게 볼 수 있을까요?

펜 하나를 들고 보세요

이 책은 전공서적의 쉬운 버전입니다. 교양화학 수업에서 사용하기 딱 좋은 교재의 느낌일 듯합니다. 화학에 대한 기초 지식이 별로 없다면, 펜 하나를 들고 책을 보길 추천합니다. 그리고 메모를 같이 하며 책을 읽어보세요.

실제 메모하면서 읽은 예

책에는 일반인에게 낯선 용어가 자주 등장합니다. 용어에 대한 설명이 나온 부분을 밑줄을 그어 표시해두거나, 혹은 약어가 나오면 해당 의미를 같이 기재하는 것이 좋습니다. 이렇게 한 번 글로 표시를 해둔 뒤, 다시 책을 읽게 되면 해당 약어를 다시 찾아보지 않고 내용을 이해할 수 있습니다.

실제로 저 역시 메모를 하며 책을 읽습니다. 이렇게 표시하면, 책을 읽으며 전체 흐름을 파악하는 데 도움이 됩니다. 특히 과학을 진지하게 생각하는 학생이라면, 노트에 강의를 요약하듯 정리해두면 좋습니다.

✐ 이 책 활용법

이 책은 번역서입니다. 그러다 보니 번역 과정에서 용어나 표현이 매끄럽지 못한 부분이 존재합니다. 특히 어떤 부분은 대한화학회에서 권고하지 않는 과거 용어를 그대로 사용하고 있기도 합니다. 이를 보완하기 위해 인터넷 백과사전이나, 화학용어사전을 참고해서 메모하며 책을 읽어보면 좋습니다. 최근 화학용어가 2014년을 기준으로 다시 재정리되었기 때문에, 낯선 용어는 찾아보고, 최신 용어로 꼭 정리해보세요.

화학은 양면성을 가집니다. 기술을 어떻게 사용하느냐에 따라 암모니아처럼 인류의 먹거리를 해결할 수도, 또 염소가스처럼 누군가를 해할 때 사용할 수도 있습니다. 책을 읽으며 해당 기술이 가지고 온 명암이 무엇인지를 생각한다면, 이 책이 어렵게 느껴지지 않을 것입니다.

🐝 한줄꿀팁

화학기술은 하나의 역사입니다. 언제 누가 왜 어떻게 발견했고, 산업에 어떻게 응용하고 있는지 키워드를 뽑아 문장 한두 개로 정리한다면, 향후 면접을 준비할 때 질문에 대한 좋은 답을 만들 수 있을 것입니다.

21세기 사람들은 화학을 먹는다

먹고 보니 과학이네?
: 맛으로 배우는 화학

최원석 저 · 다른 · 2019

🔬 맛 좋은 화학, 재밌는 화학

우리는 간혹 뉴스를 보며 음식으로 장난친 사람들이 벌을 받는 모습을 보곤 합니다. 제조 과정에서 불미스러운 일이 발생하기도 하고, 혹은 상한 음식을 몰래 파는 사람들이 있기도 하죠. 이렇게 심각한 뉴스가 나오는 와중에 채널을 돌리면, 갓 튀긴 치킨에 맥주 혹은 콜라를 마시는 장면을 보기도 합니다. 그런데 또 다른 채널에서는 치킨과 콜라는 정크 푸드라서 먹으면 안

된다는 이야기가 흘러나오기도 하죠. 무엇이 진짜인지 가짜인지 구별되지 않는 세상인지라, 무엇을 먹어야 할지 참 고민이 됩니다.

그런데 여러분, 이토록 중요한 음식에 대해 제대로 이해하기 위해서는 무엇이 필요한지 아시나요? 바로 화학 지식입니다. 화학을 알면 조리 과정의 원리를 알 수 있고, 식재료의 성분과 기능을 파악할 수 있습니다. 또한 식품의 보존과 안전에 대해서도 경각심을 가질 수도 있죠.

이번에 소개할《먹고 보니 과학이네?》는 음식과 화학에 대한 다양한 이야기들을 재미있게 다루고 있습니다. 우리가 매일 먹는 음식에서 발견하는 화학 원리와 그로 인해 발생될 수 있는 주의점 등을 일반인도 이해할 수 있게 잘 풀어냈습니다. 그럼 책을 본격적으로 살펴봅시다.

식품첨가물, 나쁜 것만은 아니야

이 책의 목차는 재밌게도 일주일로 구성되어 있습니다. 그리고 각 요일마다 작은 소주제를 정해, 관련된 먹거리들을 모아 설명하고 있습니다. 먼저 월요일을 살펴볼까요? 월요일의 주제

《먹고 보니 과학이네 : 맛으로 배우는 화학》 목차

는 '원래 들어 있는 거야?'입니다. 이 막연한 주제는 사실 식품
첨가물을 상징합니다.

식품첨가물에 대해 여러분은 얼마나 알고 있나요? 언제 첨
가물을 써야 하는지 혹시 알고 있나요? 저자는 어디서 들어보
긴 했지만 정확하게 알지 못하는, 그래서 더 공포 마케팅의 대
상이 되는 식품첨가물들을 첫 번째 주제로 선정하여 설명하고
있습니다. 그럼 함께 식품첨가물에 대해 알아보도록 합시다.

우리는 다양한 식재료로 음식을 만들어 먹습니다. 신선한 식
재료는 상관없지만, 대부분의 식재료를 보관하기 위해서는 가
공이 필수입니다. 이 가공을 할 때 더 잘 보관하기 위해서 혹은
맛을 더 살리기 위해서 사용하는 화합물이 존재하는데, 이를
식품첨가물이라고 부릅니다. 우리나라의 식품위생법에는 식

품첨가물을 아래와 같이 규정합니다.

> 식품첨가물이란 식품을 제조, 가공, 조리 또는 보존하는 과정에서 감미, 착색, 표백 또는 산화 방지 등을 목적으로 식품에 사용되는 물질을 말한다.

즉, 다시 말해 단순한 화합물이 아닌 우리가 음식을 더 맛있고 안전하게 먹기 위해 필요한 물질이란 셈입니다. 그렇다면 실제 식품첨가물은 어떻게 사용될까요? 예를 들어 우리가 바나나 우유를 구매한다고 가정해봅시다. 바나나 우유에는 정말 바나나가 들었을까요? 바나나 우유에는 바나나가 들어있을 수도 있고, 혹은 그렇지 않을 수도 있습니다. 만약 여러분이 '바나나맛 우유'를 구매했다고 가정하고 뒤에 성분표를 보면, 바나나농축 과즙이란 단어를 확인할 수 있습니다. 바나나가 어찌되었건 들어갔다는 이야기입니다. 그러나 보통 0.1~1퍼센트로 절대 많은 양이 들어가지 않습니다.

그런데 많은 양의 과일이 들어가지 않았음에도 음료를 마셔보면 향이 진하지 않나요? 그 향은 '바나나향'이라고 부르는 합성착향료가 들어갔기 때문입니다. 적은 양이지만 달달한 맛과 향을 내는 물질을 넣음으로써 과일맛 우유가 완벽해질 수 있도록 도와줍니다. 이때 사용되는 이 합성착향료가 식품첨가물이죠.

이 합성착향료에는 '에스터(-COOR)'라고 하는 분자가 포함되어 있습니다. 유기화학에서 이 에스터 분자는 산과 알코올을 가진 화합물에서 물이 제거되면서 만들어지는데, 달콤하고 좋은 향을 가지고 있어 향수 및 다양한 향의 원료로 활용되고 있습니다.

그렇다면 식품첨가물은 이렇게 인공적으로 만든 것만 존재할까요? 그렇지 않습니다. 자연에서 온 식품첨가물도 존재합니다. 대표적인 천연 식품첨가물은 소금입니다. 오래전부터 인간은 고기나 생선과 같은 식품을 저장하기 위해 소금에 절이는 방식을 사용해왔습니다. 염도가 높아지며 저장성이 높아지고, 덕분에 식품을 매번 구하지 않아도 단백질을 섭취할 수 있었습

제품명 빙그레 바나나맛 우유		

제조업소 ㈜빙그레 F1:남양주공장, F4: 논산공장 / 경기도 남양주시 다산순환로 45
*제조 공장은 용기표시
포장재질 폴리스티렌(용기),EVA (리드 내면)
원재료명 원유, 정제수, 설탕, 바나나농축과즙, 카로틴, 합성향료, 천연향료 **우유함유**
유통기한 (냉장보관, 0~10℃)윗면 표기일까지 **품목보고번호** F1:1998026202936, F4: 1984044800212

영양정보	총 내용량 960 mL (240mLx4개)			1개(240mL)당	**208 kcal**
1개당	1일 영양성분기준치에 대한 비율		1개당	1일 영양성분기준치에 대한 비율	
나트륨110 mg	6 %	**지방**8 g	15 %		
탄수화물27 g	8 %	**트랜스지방**0 g			
당류27 g	27 %	**포화지방**5 g	33 %		
콜레스테롤30 mg	10 %	**단백질**7 g	13 %		

1일 영양성분기준치에 대한 비율(%)은 2,000kcal 기준이므로 개인의 필요 열량에 따라 다를 수 있습니다.

·부정 · 불량 식품 신고는 국번없이 1399 ·개봉 후 냉장 보관하거나, 빨리 드세요 ·살균 제품(130℃ 이상에서, 2초이상) ·소비자기본법에 의거 교환·보상 ·용기 가장자리가 날카로우니 주의 ·F1: 복숭아, 토마토 혼입가능, F4: 토마토 혼입가능

바나나맛 우유 성분표

바나나향이 나는 물질을 만드는 화학반응식.
Isopentyl acetate는 실제 바나나 향이 난다.

니다. 이렇게 생각해보면, 식품첨가물이 꼭 나쁘다고는 볼 수 없을 것입니다.

사실 합성착향료는 식품에만 사용하지 않습니다. 합성착향료는 약을 만들 때도 유용하게 사용됩니다. 어린이들이 먹는 약은 맛이 없으면 곤란합니다. 향도 있어야 합니다. 약이라는 사실을 속이고 아이들이 부담 없이 먹어야 하기 때문인데, 이때 도움을 주는 성분이 바로 합성착향료나 혹은 식품첨가물로 사용되는 단맛을 내는 물질인 것입니다. 이런 것들만 보아도 식품첨가물은 불필요한 것이 아니라, 우리가 어떤 제품을 특정 용도로 사용하고자 할 때 활용할 수 있는 좋은 선택지 중 하나라고 할 수 있습니다.

정말 흥미롭지 않나요? 책에서는 음식과 관련된 화학물질에 대한 키워드, 키워드에 대한 속설, 그리고 속설에 반박할 수 있는 이론들을 제시합니다. 세 가지의 토픽을 읽다 보면, 여러분들 역시 다양한 음식에 대한 새로운 지식을 습득할 수 있을 것입니다.

왜 과자 봉지는 항상 빵빵하게 부풀어 있을까?

책을 좀더 재미있게 읽기 위해선 어떤 방법이 있을까요? 편의점이나 마트에서 가공식품을 구매한 뒤, 책과 비교해보는 활동을 추천합니다. 방금 설명한 것처럼 바나나맛 우유를 구매한 뒤, 성분표를 읽어보고 과즙이 들어 있는 우유인지를 확인해보는 것입니다. 실제로 우유 중에는 과즙이 없는 경우도 있어 얼마나 다양한 성분이 있는지 알 수 있을 것입니다.

또 다른 방법으로는, 책에서 소개된 제품의 새로운 활용법을 고민해보는 것을 추천합니다. 예를 들어, 화요일 목차에는 식품 포장재에 대한 이야기가 나옵니다.

'질소과자'를 생각해봅시다. 많은 과자 봉지는 빵빵하게 부풀어 있는데요. 왜 이렇게 질소를 많이 넣었을까요? 대부분의 사람들은 포장지 안에 과자가 부서지지 않게 하기 위해 질소를 넣었다고 생각합니다. 혹은 봉지의 크기를 눈속임하기 위해 질소를 넣었다고도 말합니다. 그런데 정말 눈속임이 맞는 것일까요? 사실 질소는 과자가 부서지는 것을 방지해줄 뿐만 아니라 더 중요한 역할을 합니다. 과자는 유통기한이 아주 깁니다. 그런데 어떻게 과자의 식감을 유지할 수 있는 것일까요? 이 식감을 유지시키는 것이 바로 질소입니다.

유기화학 실험에서 질소는 아주 중요합니다. 일반적으로 모든 실험은 공기 중 수분과 산소를 차단해서 진행해야 하는데, 이때 실험하는 플라스크 안에 질소 풍선을 달아 외부와 내부를 분리하고, 내부의 공기를 질소로 치환시켜 산소와 물을 제거할 수 있습니다. 그 덕에 정교한 실험이 가능한 겁니다.

과자에서도 마찬가지입니다. 과자의 질소는 유통과정에서 포함될 수 있거나 포장 과정에서 포함될 수 있는 공기 중 수분과 산소를 밀어내는 데 도움을 줍니다. 질소로 치환된 공간에서 과자는 오랫동안 신선하게 보관될 수 있는 것입니다. 실제 환자 중 무균상태의 제품만 먹어야 하는 경우, 외부 음식 중 먹을 수 있는 것이 과자라고 할 정도로 질소는 제품을 무균상태로 잘 보존시켜 줄 수 있습니다.

또 다른 예시로, 포장재로 한지를 사용하는 상품들도 있는데요. 뜨거운 붕어빵은 종이봉투에 담겨야 종이가 붕어빵의 습기를 잡아 맛을 유지할 수 있습니다. 뜨거운 호두과자를 한지로 하나하나 포장해서 넣는 이유 역시 같습니다. 신기하지 않나요?

이 책 활용법

책에는 중간중간 '맛있는 인문학'이라는 칼럼이 있습니다. 이곳에서는 음식에 관한 우리의 상식을 한 차원 더 넓혀줍니다. 예를 들어 '화요일' 챕터에서는 음식 보관 방법이 만든 문화를 소개하고 있는데, 이곳에서는 냉장고가 없던 시절 어떻게 음식을 저장했는지를 설명합니다. 습기를 없앤 육포가 어떻게 세계사에 영향을 주었는지, 간고등어는 왜 유명해졌는지 등 과학과 인문의 이야기가 재미있게 연결돼 있습니다. 두 분야가 결코 단절된 영역이 아니라는 것을 깨달으면서 더욱 책이 흥미 있게 느껴질 것입니다.

한줄꿀팁

이제 과자 봉지가 왜 빵빵한지 알았을 것입니다. 이러한 내용을 친구나 부모님에게 상세히 설명해보세요.

일상 속 화학을 쉽고 재미있게 탐험하다

세상은 온통 화학이야

마이 티 응우옌 킴 저 · 배명자 역
한국경제신문사(한경비피) · 2019

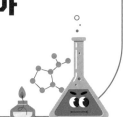

🔬 절대 화학을 두려워하지 마세요

여러분은 유튜브 보는 것을 좋아하나요? 그렇다면 이 책의 저자가 운영하는 유튜브 채널을 같이 보며 과학의 세계에 빠져보는 것은 어떤가요?

2019년 코로나바이러스가 터지기 전 9월에 출간되었던 이 책은 당시 화학을 두려워하는 사람들을 위해 유튜브를 운영하게 된 화학자가 썼습니다. 저자는 마이 티 응우옌 킴으로 과학

저널리스트로 활동하며 하버드대학교에서 박사학위를 마쳤습니다. 또한 그녀는 〈The secret Life of Scientists〉라는 유튜브 채널을 운영하며 세상과 과학을 연결하는 일을 하고 있는데요. 주로 채널과 책에서는 화학자가 세상을 어떻게 바라보는지를 설명하고 있답니다.

책의 저자는 다양한 과학 분야 중 화학을 전공했습니다. 즉, 화학자죠. 화학자가 보는 세상은 어떨까요? 아마 눈 뜰 때부터 감을 때까지 늘 화학반응, 화학이론 등의 생각만 하고 있을 거라고 예상하시나요? 아닙니다. 저도 화학자이지만 늘 화학만을 생각하지는 않습니다. 다만, 아침에 눈을 떠서 커피를 마시며 자연스럽게 '몸에 카페인이 흡수되는군.'이라고 나도 모르게 생각을 하는 것뿐이죠. 이런 것들이 일상 속 화학자의 시선입니다.

그러한 이유로, 이 책의 시선은 '아침 - 점심 - 저녁'으로 시간의 흐름이 존재합니다. 시간의 흐름에 따라 우리가 사용하는 다양한 제품들에 어떤 화학 원리가 숨어 있는지를 설명하고 있습니다. 제가 개인적으로 가장 크게 공감했던 장을 소개해 보겠습니다. 바로 1장, 아침 편입니다.

🐾 햇빛과 멜라토닌에 대하여

아침 일찍 눈을 뜨자마자 저자는 남편을 깨우기 위해 커튼을 활짝 엽니다. 이 커튼을 열어 햇빛을 받는 일은, 우리가 잠을 깨는 데 아주 중요한 화학 작용을 일으킵니다. 햇빛을 받으면 우리 몸의 멜라토닌 수치가 낮아지기 때문이죠. 멜라토닌은 화학 분자입니다.

멜라토닌 분자는 뇌에 존재하는 신호전달 물질 중 하나입니다. 이는 수면 호르몬으로 유명한데, 그런 별명이 붙은 이유는 뇌 속 멜라토닌 분자의 농도 때문인데요. 멜라토닌 분자가 한곳에 늘어나면 우리는 피곤하다고 느끼게 되고, 멜라토닌 분자의 수가 줄어들면 피곤이 사라지고 잠에서 깨어날 수 있게 됩니다. 빛은 멜라토닌 분자가 모여 있는 것을 방해하기 때문에, 우리가 햇빛을 받으면 눈을 찡그리며 일어나게 되는 것입니다. 책 속의 내용을 잠시 살펴봅시다.

마티아스의 멜라토닌 수치를 낮추기 위해 나는 커튼을 열어젖혔다. "흐으음." 여전히 잠이 덜 깬 상태로 남편이 웅얼거린다. 나 참, 기가 막혀서. 멜라토닌 분자는 뇌 중앙에 자리한 솔방울샘이라는 작은 내분비샘에서 생산되며, '수면 호르몬'이라는 사랑스러운 별명으로도 불

멜라토닌의 화학 구조

코르티솔의 화학 구조

린다. 이런 별명이 붙은 데에는 다 이유가 있다. 멜라토닌은 우리의 활동 일주기(circa dies) 리듬, 그러니까 수면-활동 생체리듬에서 중요한 역할을 한다. 멜라토닌 수치가 높을수록 우리는 더 피곤하다고 느낀다. 그러나 편리하게도 빛이 멜라토닌의 집결을 막아준다. 빛의 효력이 서서히 마티아스에게도 미치는 것 같다.

이처럼 저자는 위트 있게 멜라토닌에 대해 설명한 뒤, 이 개념을 확장해서 아주 중요한 우리 몸의 경보 시스템에 대해 말합니다. 우리 몸의 다양한 분자들이 인간이라는 생명체 안에서, 생명현상을 유지하기 위해 얼마나 강박적으로 체계적이고 꼼꼼하게 움직이고 있는지를 말이죠.

저자는 우리가 아침에 비몽사몽한 상태에서 커튼을 걷고 볕을 쬐며 잠을 깨는 과정을 분자의 움직임으로 바라보고 있습니다. 다시 말해, 멜라토닌 분자가 늘어나 수면이 유도되고, 빛에 의해 멜라토닌 분자가 흐트러지면서 잠을 깰 수 있다는 거죠. 그래서 저자는 아침에 잘 일어나기 위해서는 멜라토닌이 적어야 하고, 아침이 되면 자연스럽게 분비되는 스트레스 호르몬인 코르티솔이 많아야 한다고 설명합니다.

그렇다면 여러분이 아침에 잠을 못 깨는 이유는 멜라토닌이 많고, 코르티솔이 적어서인 것뿐인 것입니다. 절대 우리가 늦게 자서는 아닐 거예요 그렇죠? 이 책을 읽다 보면, 우리가 움직이는 모든 것에 과학 원리가 숨어 있다는 것을 확인하게 될 겁니다.

🔬 화학자의 농담이 가득한 책

저는 이 책을 정말 재미있게 읽었습니다. 왜일까요? 실제 화학자들이 일상에서 많이 하는 농담 섞인 표현들이 정말 많이 들어 있기 때문입니다. 네, 제가 평소 화학자인 남편, 친구들, 그리고 제자들에게 하는 화학자 농담들인 것이죠. 그래서 주변의 많은 화학자에게 이 책을 추천하면서 이렇게 말했습니다.

"이것 봐. 우리가 랩실에서 하던 이야기가 그대로 나와! 우리만 그렇게 생각하는 게 절대로 아니라니까?"

제가 왜 이런 이야기를 할까요? 그 이유는 자칫하면 과학 입문자에게 어렵게 느껴질 수도 있기 때문입니다. 그렇다면 이 책은 어떻게 읽어야 할까요?

이 책을 깊게 이해하려 노력하지 않고 누가 쓴 농담이라고 생각하고 보는 것을 추천합니다. 과학 지식이 아주 깊게 표현되면서도 또 어떤 부분은 매우 쉽게 설명하려고 노력한 이 책은 모두가 이해하기는 힘듭니다. 대학생 수준에서 이해할 만한 내용들이 많기 때문이죠. 중·고등학교 학생들이 읽는 경우 오히려 좌절하기 쉬울 겁니다. 그러니, 처음엔 가볍게 읽되 어떤 상황을 이야기하고 있는지를 생각하며 내용을 상상해보세요.

가령 앞에 예시로 든 아침을 생각해봅시다. 아침에 여러분은 어떤 일을 하나요? 일어나기 싫은데 눈을 떠야 하고, 알람 소리가 싫어서 알람을 뒤로 미루기도 합니다. 그리고 몰아치는 알람에 힘들게 몸을 일으킵니다. 어떤 사람은 그런 일이 없어도 벌떡 일어나기도 하고, 또 어떤 사람은 커튼을 열고 볕을 쬐어야 겨우 일어나기도 합니다.

이렇게 다양한 상황이 벌어지는 이유를 하나의 과학 원리로 설명해야 한다고 생각해봅시다. 어떻게 설명해야 할까요? 이 책에서는 이를 간단하게 호르몬 두 개, 즉, 화학분자 두 개로 설명한 것입니다. 멜라토닌과 코르티솔이라는 표현으로요. 멜라토닌이 많으면 졸리고, 코르티솔이 분비되면 잠에서 깰 수 있다는 것입니다.

또한 이 상황과 원리를 묶어서 요약을 하면 더 도움이 될 수 있습니다. 왜 제가 요약을 말했을까요? 사실 저를 포함해서, 과학자들은 '과학을 말하는 것'을 아주 좋아합니다. 그래서 책에 멜라토닌과 코르티솔만 언급하면 좋겠지만, 그 뒤에 스트레스 호르몬과 통증 호르몬을 연결시켜서 호르몬 분비 과정을 신호와 신호가 움직이는 과정에서 작동되는 호르몬 경보 시스템에 대한 이야기를 덧붙이고 있습니다. 이 뒤의 내용은 어려울 수도 있으니 그냥 읽으면서 '아, 이런 게 있나 보다' 정도로 가볍게 읽는 것을 추천합니다. 앞의 내용하고 엮이면 아마 더 헷갈

릴 것입니다.

그런데 만약 여러분이 화학이나 생명현상에 관심이 많은 학생이라면 어떻게 읽는 것이 좋을까요? 이 책을 화학 수업을 듣는 대학생이 읽는다면, 저는 용어들을 찾아보는 것을 추천하고 싶습니다. 멜라토닌, 코르티솔 구조도 찾아보고, 아드레날린도 찾아보세요. 마침 책에서는 중요한 단어들을 모두 굵게 표시하였으니, 인터넷 백과사전에서 용어를 검색하며 책을 같이 보면 더 기억하기 쉬울 겁니다.

이 책 활용법

이 책은 얼핏 보면 중구난방 같다는 느낌을 받을 수도 있습니다. 그러나 사실은 그렇지 않다는 점을 말하고 싶습니다. 많은 과학자는 어떤 현상을 관찰합니다. 그리고 그 현상이 왜 발생되었는지를 찾아가는 과정에서 이 현상과 연결된 다른 현상을 찾고, 현상과 현상 사이의 연관성을 밝히며, 세계를 확장합니다.

초파리 하나를 발견했는데, 이 초파리의 엄마 아빠가 누구고, 초파리의 고조할아버지가 누구인지를 밝히다가, 초파리 고조할아버지의 국적이 한국이 아니라 중국이었다···. 어찌 보면 쓸모없는 사실 같으나, 이런 세계관의 확장은 과학연구의 가장 큰 특징입니다. 과학에서는 꼬리에 꼬리를 무는 현상이 자연스럽기 때문에 이야기가 여러 갈래로 흘러가게 됩니다. 이렇게 생각하고 읽어보면, 오히려 세계관이 확장되는 경험을 하실 수 있을 겁니다.

제가 앞서 과학자들은 이런 농담을 많이 한다고 했던 것 기억하나요? 저도 일상 속 농담 따먹기를 할 때 이 책을 많이 인용을 했습니다. 햇빛이 너무 눈이 부실 때, "아, 지금 내 뇌에서 코르티솔이 과다 분비가 되네. 짜증이 난단 소리지."라는 말을 쓰기도 했고, 뜨거운 머그잔을 식탁에 내려놓은 뒤 컵 주변 식탁이 따뜻해지면, "열에너지가 그새 이동했군."이란 말을 하기도 했습니다. 여기서 언급한 이야기를 이렇게 흔히 말하는 '너드nerd 농담'으로 활용해보세요. 아는 사람들만 아는 위트 있는 농담을 구사할 수 있을 것입니다.

한 줄 꿀팁

이 책을 전부 이해하기보다는 책의 예시를 기억해두었다가 실제 현상과 비교해보세요. 왜 뜨거운 머그컵 주변이 따뜻해지는지, 책상 위가 지저분해지는 것이 엔트로피 입장에선 어떤 경우에 해당하는지를 찾아보면, 해당 지식을 더 오래 기억할 수 있을 겁니다.

11

환경 역사의 진로를 바꾼 기념비적 도서

침묵의 봄

레이첼 카슨 저 · 김은령 역 · 에코리브르 · 2024

🔬 화학물질의 위험성에 대해 경종을 울리다

화학연구의 발전은 시대를 보다 더 부흥시키는 데 일조했습니다. 석유와 석탄과 같이 자연에서 나온 물질들을 연구하며 새로운 물질을 만들었고, 그 물질은 의약품, 식품, 살충제 등 다양한 상황에 적용되었습니다. 그 덕에 작물이 잘 자라기도 했고, 혹은 병이 낫기도 했을 것입니다. 당시 시대 상황을 고려해본다면, 아마 화학이 세상을 이롭게 한다는 것에 아무도 반론을 제기하지 않았을 것입니다. 그러나 현대에 오며 화학물질은 세상을 이롭게도 하지만, 또 해를 미칠 수도 있다는 점이 알려지고 있습니다. 그리고 이에 따른 대응연구가 아주 활발히 진행되고 있죠.

그렇다면 언제부터 우리는 화학물질이 독이 될 수 있다는 것을 알게 되었을까요? 이 질문에 대한 답을 찾을 수 있는 책을 소개하려 합니다. 이번에 소개할 책은 1962년 출간된 《침묵의 봄Silent Spring》입니다. 이 책은 화학물질의 위험성에 대해 이야기하고 있는데요. 1962년 6월 《뉴요커》지에 압축판을 연재한 내용을 정리하여 책으로 출간한 것으로, 당시 이 책을 읽은 대

전국적인 관심을 불러일으킨 레이첼 카슨의 《침묵의 봄》이 실린 기사

법원 판사인 윌리엄 더글러스가《톰 아저씨의 오두막》이후 가장 혁명적인 책이라 평가할 만큼 사회에 경종을 울렸다고 합니다. 그도 그럴 것이, 사실상 최초로 화학물질이 인간에게 마냥 좋지 않다는 것을 공개적으로 언급했다는 점에서 엄청난 이슈를 불러 일으켰기 때문입니다.

이 책은 당시 아무도 주목하지 않았던 화학물질의 유해성을 처음으로 고발했고, 국론을 불러일으켜 결국 화학물질의 안전 및 관리를 위한 다양한 법률을 만들고 이를 통해 사회제도를 바꿨다는 점에서 큰 찬사를 받았습니다. 이제부터 어떤 내용을 다루고 있는지 자세히 살펴보겠습니다.

사회의 시스템을 바꾼 이 책의 저자는 레이첼 카슨Rachel Carson 입니다. 저자는《타임》지가 선정한 20세기를 변화시킨 100인으로 선정된 생물학자, 그리고 작가입니다. 1907년 태어난 카슨은 해양생물학 석사학위를 받았고, 1936년에는 미국 어류, 야생동물국에서 해양생물학자로 일하던 중 1952년 전업 작가로 활동하였습니다. 그녀는 과학 지식과 유려한 문체를 잘 융합한 글 〈우리를 둘러싼 바다〉로 1951년 내셔널 북어워드 논픽션 부문에 수상을 했습니다. 그 이후에도 생태주의자, 환경보호주의자, 과학저술가로 활동하다 1964년 세상을 떠났습니다.

그렇다면 왜 카슨은 이 책을 썼을까요? 이는 그녀가 받은 한 통의 편지로부터 시작합니다. 편지에는 정부에서 모기 방제를 위해 숲속에 DDT를 살포했는데, 그 후 자신이 기르던 새들이 죽었다는 내용이 쓰여 있었습니다. DDT를 사용한 당국에 항의했으나, DDT가 위험하지 않다는 답변만 받았을 뿐이었죠.

이 편지를 받은 뒤 카슨은 살충제 사용의 심각성을 깨닫고, 4년간 자료조사와 집필 활동에 전념합니다. 그 결과 온 세계를 뒤흔든 문제작《침묵의 봄》이 탄생하게 됩니다.

🔬 DDT의 양면성에 대하여

이 책을 보기 위해 어떤 배경 지식이 필요할까요? 일단 살충제, 농약이 무엇인지 정도는 알고 있어야 합니다. 그렇다면 농약, 살충제, DDT가 대체 무엇이길래, 저자가 이 부분을 강조해서 설명했을까요?

먼저, 농약이란 농작물이 재배, 저장되는 과정에서 발생할 수 있는 식물의 병, 혹은 해충, 잡초 등을 제거하거나 예방하기 위해 필요한 모든 물질을 말합니다. 식물이 아프지 않게 해주기도 하고, 식물을 건강하게 해주는 영양제가 포함되기도 하는 등 전

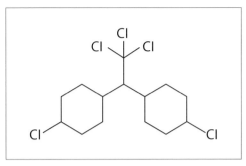

DDT 분자 구조

반적으로 사용되는 모든 약제를 뜻한다고 볼 수 있습니다.

그렇다면 살충제는 무엇일까요? 살충제는 사람이나 가축, 농작물에 해가 되는 곤충이나 벌레를 죽이는 약제 모두를 말합니다. 즉, 농약이 더 큰 범주이고 농약 안에 살충제가 포함되는 것입니다.

책에서 문제를 제기한 대상은 바로 이 살충제로, 그중 가장 대중적으로 사용되었던 합성 살충제 DDTDichloro-Diphenyl-Trichloroethane에 대해 이야기하고 있습니다. DDT는 해충을 제거할 때 효과적이지만 동시에 새, 물고기, 유익한 다른 곤충, 그리고 인간에게까지 문제를 일으킬 수도 있습니다. 더욱이 DDT의 잔여물질은 먹이사슬을 통해 축적될 수 있어 더 큰 재앙을 예고하기도 합니다.

이 물질은 1874년 처음 탄생했습니다. DDT의 사용으로 제2차세계대전에서 모기와 곤충을 효과적으로 제거하여, 말라리아, 티푸스와 같은 질병을 막을 수 있었습니다. 이러한 공로를 인정받아 이 물질의 살충 능력을 발견한 스위스 화학자인 파울 헤르만 뮐러가 1948년 노벨 생리상 및 의학상을 받게 되면서 더욱 광범위하게 사용되게 되었죠. 1970년대까지도 한국에서는 실제 머릿니를 잡기 위해 사람에게 직접 분사하기도 했다고 합니다. 지금 생각하면 아찔하기 그지없으나, 당시에는 사람에게 해가 없는 매우 획기적인 물질이라 생각했습니다.

전쟁 후에 DDT는 농업 분야에서 살충제로 사용되었고, 수요가 높아지며 공급이 점차 늘어났습니다. 그 덕에 전 세계 어디나 DDT는 해충을 제거하여 전염병을 막을 수 있어 위생적으로도 좋은 약물이란 인식이 있었습니다. 이렇게 DDT는 어떠한 기준 없이 남용되었던 것이죠.

그런데 카슨이 DDT의 위험성을 알리는 이 책을 출간한 이후부터 변화는 시작됩니다. 1970년대의 미국에서부터 먼저 DDT 사용을 금지하였고, 연이어 다른 나라에서도 금지되기 시작합니다. 한국은 1979년에 DDT 사용을 전면 금지하였습니다. 책 하나가 쏘아 올린 공이, 세상의 인식을 변화시킨 셈입니다.

🔬 이 책 활용법

이 책은 환경문제에 관심이 많은 사람이라면 반드시 읽어야 하는 필수 도서입니다. 환경학은 화학, 생물학 등 기초과학을 기반으로 다양한 상황, 혹은 물질이 어떻게 환경에 영향을 미치는지 연구합니다. 그런 맥락에서 인류사에서 가장 큰 생태오염 이슈를 탄생시킨 DDT는 한 번쯤 배워볼 만한 주제입니다. 또 화학물질에 관심이 많고, 화학 분야에 종사하는 사람에게도 이 책이 아주 큰 도움이 될 수 있을 것입니다. 본인이 만든 물질이 세상에 어떤 빛과 어둠을 선사할지, 연구윤리 측면에서도 많은 생각을 해볼 수 있습니다.

좀 더 심도 있게 이해하고 싶다면, 다른 화학물질로 오염이 발생한 사례를 찾아보는 것을 추천합니다. DDT는 아직도 검출되는 물질 중 하나입니다. 실제 한 연구조사에 따르면 DDT를 전혀 사용하지 않은 세대에서도 혈액 내 DDT가 검출되었다는 보고가 있습니다. DDT가 이렇게 문제라면 지금은 어떤 물질을 사용하는지, 또 카슨이 말한 친환경 농법은 대체 무엇인지 등을 찾아보길 추천합니다.

과학은 늘 예상을 벗어나기 마련입니다. 유효성을 확보하기 위해 노력하지만, 모든 물질에 빛과 어둠이 존재하기에 다양한 이슈가 발생할 수밖에 없습니다.

　이런 불가피한 상황에서, 과연 인간은 어떻게 대처해야 할까요? 또 문제를 최소화하기 위해 처음부터 어떤 노력을 기울여야 할까요? 이런 생각들을 함께 나누고 정리하다 보면, 이 책을 잘 소화할 수 있을 것입니다.

　레이첼 카슨의 《침묵의 봄》은 왜 그 당시 논란이 되었을까요? 카슨의 책을 부정하고 싶었던 분야는 어떤 산업군이었을까요? 당시 사회의 분위기와 그녀의 책이 미친 영향력에 대해 생각해보세요.

이제 화학제품 걱정은 그만, 알면 편해진다

걱정이 많은 어른들을 위한 화학 이야기

윤정인 저 · 푸른숲 · 2022

왜 우리는 화학을 알아야 할까요?

우리 주변엔 생각보다 많은 화학제품이 있습니다. 욕실에 있는 비누, 샴푸, 치약부터 잠을 쫓기 위해 마시는 커피, 부모님이 여러분에게 챙겨주는 영양제 등 우리가 먹고, 사용하는 일상 모든 것이 화학제품으로 구성되어 있답니다. 우리가 음식을 먹고 소화하는 과정, 깎아둔 사과가 갈색으로 변하는 과정 모두가 화학반응이기 때문입니다.

많은 화학제품을 사용하고 있음에도 불구하고 우리는 화학제품이 왜 필요한지, 또 어떻게 보관해야 하는지, 얼마나 오래 사용할 수 있는지 잘 모릅니다. 대표적인 화학제품 중 하나인 약만 하더라도, 약을 먹어야 하는지 말아야 하는지 걱정이 되기도 하죠. 왜 청소년은 고카페인 음료를 먹지 말라고 하는 건지, 머리 아프고 배가 아플 때 진통제를 먹어도 되는 건지, 진통제는 또 왜 이렇게 종류가 많은지 도통 알 수가 없죠. 그렇다고 잘 모르니 살 때마다 어른들에게 물어볼 수도 없고, 혼자 구매해보려니 모르겠고, 이런 경험을 한 번쯤 가지고 있지 않나요?

이 책은 화학을 모르는 일반 사람들이 제품을 쓸 때마다 한 번쯤 해봤을 법한 걱정에 대해 설명하는 생활 밀착 화학 탐구서입니다. 이 책을 쓴 저자는 평소에 주변에서 자주 듣던 질문, 대학 수업에서 가장 많이 회자되는 주제, 일상에서 자주 쓰는 제품들에 대해 원리부터 제품을 사용하는 방법까지 정리하였습니다. 선크림, 주방세제, 계면활성제, 플라스틱 등 여러분을 척척 만물박사로 만들어줄 상식들이 가득한 책입니다.

책이 출간된 시기는 코로나바이러스가 전 세계를 강타한 직후인 2022년입니다. 그래서 이 책에는 팬데믹 상황에서 우리가 겪거나 혹은 들어온 각종 카더라 소문을 과학적인 근거를 기반으로 설명하고 있습니다. 특히 책의 저자는 스타트업 대표로, 약을 만드는 화학자로, 엄마 과학자라는 정체성을 바탕으로 해당 책을 저술했습니다. 그 덕에 기존 책에서는 보기 어렵던 '엄마' 입장에서 걱정될 만한 이야기, 그리고 엄마가 아이에게 설명해주고 싶었던 내용을 바탕으로 예시를 들고 있어서, 우리가 실생활에서 겪을 만한 내용을 기반으로 한다는 장점이 있습니다.

사실 화학에 관련된 책은 꽤 많이 나와 있습니다. 여러분 역시 화학책을 읽어본 적이 있겠죠? 그런데 여러분, 읽고 내용을 잘 이해한 적 있나요? 저자가 책을 쓴 계기가 바로 그것이었다고 합니다. 작가는 본업인 직업 과학자로 살면서, 대학에 출강을 나갈 기회가 있었다고 합니다. 그런데 하필 담당하게 된 수업이 기초화학, 그리고 담당 학생들은 평생 화학을 듣도 보도 못한 문과, 예체능 학생이었다고 해요. 그래서 좀더 수업을 재밌게 해보고자 생활화학 도서를 선정하여 학생들을 가르쳐 보니, 학생들이 책에 나온 내용을 생각보다 어려워한다는 사실을 알게 되었습니다. 또한 엄마가 된 뒤, 양육자 커뮤니티에서 또래 엄마들을 만나며 생각보다 화학을 어려워하는 사람이 많다는 사실도 알게 되었다고 해요. 주변 학생들, 그리고 친구들에게 보다 쉽게 과학적 사실을 말해주고 싶었고, 그러던 것들이 쌓여 이 책에 담기게 되었다고 합니다.

　그래서 이 책은 다른 책과 달리, 예시가 아주 생활 밀착형입니다. 누구나 먹는 약, 음식을 살 때 고민되는 방부제, 팬데믹 시절 아이들에게 너무나도 많이 노출되던 소독제, 구리 필름 등 모든 것이 엄마의 관점에서 다가갑니다. 그래서 어떤 상황에서 무엇이 위험하고, 무엇을 걱정해야 하는지에 대하여, '에피소드 - 과학 원리 - 적용방법' 순서로 내용을 소개하고 있어요. 저자의 에피소드를 보다 보면, 여러분도 모르게 어디선가 한 번쯤 주변에서 "그렇게 하면 위험하대."라고 했던 내용이 이거구나 하는 생각을 하게 될 겁니다.

🔬 열이 발생하는 원리를 알다

　이 책을 쓴 저자는 사실 저입니다. 누구보다 이 책을 쓸 때 저자의 의도를 정확하게 알고 있는 사람이라 할 수 있습니다. 이 책에는 중요한 비밀이 하나 있습니다. 이 책은 초등학교부터 고등학교 과정에서 배우는 이론을 바탕으로 탄생된 다양한 화학제품을 파헤치는 내용을 담고 있다는 점이죠.

　이 책에는 화학 기호가 많이 없습니다. 화학 반응식도 최소

한만 넣었습니다. 대신 역사적 배경이이나 논란이 되고 있는 이슈를 같이 담았습니다. 그러니 재미있게 읽기 위해서는 목차를 확인한 뒤 보고 싶은 부분을 골라서 읽는 것을 추천합니다. 또한, 필요할 때 꺼내서 참고서처럼 사용하는 것이 좋습니다.

예를 들어, 해열제 편을 읽으면 열이 났을 때 어떤 원리로 열이 발생하는지를 이해할 수 있습니다. 한 번 같이 살펴볼까요? 우리 몸의 체온은 항상 일정합니다. 보통 36~37℃ 초반으로 알려져 있습니다. 그런데 아이는 어른과 달리 6~7세 전까지는 기초체온이 좀더 높습니다.

아기들을 안았을 때 뜨끈뜨끈한 느낌이 들었다면 아이가 열이 높은 것이 아니라, 기초체온이 높다고 생각하면 됩니다. 이처럼 사람의 체온은 수시로 변합니다. 생리적인 현상, 호르몬 주기, 환경 변화에 영향을 받곤 하는데, 뜨거운 여름 오래 걸은 뒤, 혹은 에어컨을 오래 쐰다던지 할 때 영향을 받기도 합니다. 그래서 우리가 열이 난다고 하는 시점을 38℃ 이상으로 보기로 약속하고 있습니다.

과학에서는 열이 나는 과정을 '발열'이라 합니다. 그리고 이 과정을 인체 내에서 외부의 방어 기전에 맞춰 스스로를 지키기 위해 발생되는 면역 과정으로 보고 있습니다. 그 기전을 자세히 보면, 열이 난다는 것은 외부에서 우리 몸에 침입자가 발생했을 때 일어납니다. 침입자가 들어오면 우리 몸은 체내에 열을 발생시키는 면역 시스템을 가동합니다. 그리고 열이 발생될 동안 침입자의 행동이 느려지면, 백혈구가 이들을 처리하는 방식의 시스템이라 볼 수 있습니다. 그래서 백혈구가 모든 침입자를 없애고 나면, 열이 자연스럽게 내리는 거죠. 사실 건강한 경우, 열이 나는 일은 자연스럽게 치유가 되곤 합니다. 카더라 소식에서 열나는 것을 그냥 두어야 한다고 하는 이유가 바로 이런 맥락을 말하는 것입니다. 그럼 왜 해열제를 먹어야 하는 걸까요? 맥락대로 본다면 열은 자연스러운 일인데 말이죠.

그 이유는 열이 나서 발생할 2차 피해 때문입니다. 급격하게 체온이 올라가는 경우, 체내 산소 소비량이 높아져 조직에 문제를 발생시킬 수 있습니다. 바로 열로 인해 발생되는 탈수나 열성경련과 같은 증상이 대표적입니다. 이러한 잠재적 위험도 있기 때문에 열이 나고 컨디션이 저하되면 해열제를 처방받게 됩니다. 그럼 우리가 먹는 해열제에는 뭐가 있을까요?

'이부프로펜, 덱스부프로펜, 아세트아미노펜' 들어는 봤니?

해열제는 열을 내리게 해주는 특정 화학물질의 종류에 따라 분류할 수 있습니다. 모든 의약품에는 특별한 효과를 만드는 물질이 있는데 이를 유효물질이라 합니다. 아주 특별한 유기화합물인 셈이죠. 해열제가 판매되는 판매명은 아주 다양하지만, 현재 우리가 약국에서 구매할 수 있는 대표적인 해열제의 유효물질은 몇 개로 추릴 수 있습니다. 이부프로펜, 덱시부프로펜, 아세트아미노펜, 아스피린, 나프록센 등입니다.

이 중 아이들이 복용할 수 있는 해열제는 세 가지입니다. 이부프로펜, 덱시부프로펜, 아세트아미노펜으로, 흔히 부르펜, 덱시부펜, 타이레놀이란 상품명으로 대표됩니다. 종류는 세 가지만, 실제로 약물이 몸속에서 작용하는 방법을 놓고 분류하면 해당 약은 아세트아미노펜과 이부프로펜·덱시부프로펜으로 분류할 수 있습니다. 왜냐하면, 이부프로펜과 덱시부프로펜이 동일한 화합물이기 때문입니다. 그래서 약물을 복용할 때 교차복용을 해야 한다면, 절대로 이부프로펜과 덱시부프로펜은 함께 사용하면 안 됩니다. 같은 약을 두 번 복용하는 셈이 되기 때문이죠.

우리 몸에는 잘 분해해서 배출할 수 있는 시스템이 존재합니다. 그리고 약물마다 각자 분해되는 장기가 모두 다른데, 대부분은 간이지만, 이부프로펜은 독특하게도 신장대사를 통해 분해됩니다. 그래서 간혹 아세트아미노펜을 먹고 열이 잡히지 않는 경우, 아세트아미노펜과 다른 위치에서 분해될 수 있는 약을 복용하여 장기에 무리가 가는 것을 막고, 효과를 극대화하기 위해 교차복용을 하는 것입니다. 다행히 아세트아미노펜은 간에서, 이부프로펜은 신장에서 대사되므로 충돌하지 않아 가능한 일인 거죠. 이 책에서는 이런 자세한 내용까지 모두 포함하고 있습니다.

이부프로펜과 덱시부프로펜 비교

	이부프로펜(Ibuprofen)	덱시부프로펜(Dexibuprofen)
적응증	관절염, 발열, 생리통, 두통, 치통, 근육통, 급성 통풍 등	관절염, 염증 및 통증, 발열을 수반하는 감염증 등
구조적 차이 (동등성)	두 이성질체의 라세믹 화합물	이부프로펜의 (S)-이성질체
	(Ibuprofen 600mg=Dexibuprofen 300mg)	
허가 연령	1세 이상	생후 6개월 이상

부루펜(이부프로펜)과 맥시부펜(덱시부프로펜)

또 다른 예를 생각해볼까요? '2부 안전한 화학'이라는 챕터에는 중금속에 대한 설명이 있습니다. 우리가 일상적으로 사용하는 다양한 물감은 중금속이 포함된 광물들이 활용되어 왔습니다. 덕분에 많은 화가들은 중금속 중독에 시달려야 했죠.

우리가 사용하는 예쁜 물감 색상명을 본 적 있나요? 티타늄 화이트, 크롬 옐로우, 코발트블루 등 아름다운 색상 앞에는 꼭 금속 이름 하나가 붙는 것을 본 적 있을 겁니다. 왜 예쁜 물감 이름 앞에 무시무시한 금속 이름이 붙는 걸까요? 그것은 실제 그 금속이 안에 들어가 있기 때문입니다. 초기 여러 색을 나타내는 안료는 다양한 색을 가진 암석을 갈아서 사용했습니다. 이렇게 만들어진 돌가루는 기름이나 물에 개어서 발랐고, 이것이 현대의 수용성물감, 유화물감으로 발전했습니다.

과거부터 오래도록 사용되었던 당시 물감들은 과학이 발전한 뒤 확인해본 결과, 다양한 중금속이 포함되어 있었습니다. 가령 납이 포함된 광석에서 만들어진 실버화이트, 코발트가 포함된 코발트블루, 코발트와 아연이 혼합된 코발트그린, 비소가 함유된 에메랄드그린 등이 대표적입니다.

중금속의 위험성이 알려지기 시작한 20세기에 들어와서야 이런 물감들이 금지되었고, 지금은 화학의 발전으로 기존의 위험한 금속을 배제하면서도 예쁜 색상을 만들어낼 수 있게 되었습니다. 그럼에도 유화물감은 유기용매를 사용해야 하고, 파스텔은 가루가 날리는 문제는 해결되지 못했습니다. 물감을 먹어도 위험하지 않게 독성은 낮췄지만, 호흡으로 마실 수 있는 것들을 완벽하게 해결하진 못한 것이죠. 이런 이야기를 듣고 나니, 물감이 좀 다르게 보이지 않나요?

그럼 어떻게 안전하게 써야 할까요? 저자는 물감에 표기된 인증마크를 참고하라고 알려주고 있습니다. ACMI(미국미술과창작재료학회)에서는 물감을 크게 두 가지로 분류하여 인증하고 있습니다. AP와 CL로 분류하는 이 인증은 독성 전문가가 제품의 급성·만성 위험도를 평가하고 안전하면 AP, 위험 요소가 존재한다면 CL로 분류해서 판매하도록 되어 있습니다. 물론 CL이라고 해서 반드시 독성물질이라 할 수는 없어요. 그저 위험할 수 있는 물질이 포함되어 있으니, 조심하라는 의미입니다.

🔬 이 책 활용법

이 책을 읽을 때, 난생처음 보거나 혹은 잘 이해가 되지 않는 표현 또는 단어가 많을 겁니다. 아마 내가 이런 걸 배운 적 있었나 싶은 일이 많아질 수 있습니다. 그럴 때 당황하지 말고 검색하며 찾아보는 활동을 연계해주시면 좋습니다.

저는 몇 년 째 대학에서 강의를 하고 있습니다. 그리고 강의를 하며 지금 친구들이 제가 살던 시대와 전혀 다른 시간을 산다는 생각을 많이 하고 있습니다. 그리고 저 역시 시대 변화에 맞춰 바뀌고 있다는 것을 많이 느끼죠. 과거만 하더라도 노트에 필기가 기본이었습니다. 색색의 볼펜을 사용해서 필기하고 포스트잇을 붙이던 과거와 달리, 지금은 강의실에 패드 하나만 들고 들어갑니다. 학생들 역시 마찬가지로 패드와 노트북을 사용하는 것이 매우 익숙합니다.

그런데 강의를 하다 보면 요즘 학생들이 정보와 사실을 더 구별하지 못한다는 것을 보게 됩니다. 특히 알고리즘에 의해 올라오는 편향적인 정보에 노출되고 있음을 인지하지 못하는 경우가 많았습니다. 현대의 정보는 과거와 달리 기관부터 개인에 이르기까지 다양한 이들이 제공하고 있고, 또 시간이 흘러 많은 내용이 축적되어 있는데요. 당연히 많은 거짓과 사실이 섞여 있습니다. 이 중 1퍼센트의 미비한 과학적 사실을 기반으로 만들어진 거짓 뉴스가 모여 탄생되는 유사과학이 존재합니다. 유사과학은 유난히 일반인, 특히 양육자를 상대로 마케팅에 활용되는 경우가 많아서 이를 판별하기가 쉽지 않습니다.

이 책은 그런 가짜 뉴스로 탄생된 유사과학을 구별하고 과학적 사실을 쉽게 설명하기 위해 만들어졌습니다. 책을 보며 저자가 말해주는 가짜 뉴스도 검색해보고, 가짜 뉴스의 근거와 책에 나온 근거를 비교해보며 읽어보세요.

만약 여러분이 '타이레놀의 성분'이 궁금하다고 가정해봅시다. 먼저 타이레놀을 검색해보는 것이 첫 번째 시작이 될 수 있습니다. 그리고 올라오는 많은 링크 중, '약학정보원' 그리고 온라인 백과사전 등의 정보를 함께 읽어봅니다. 개인 블로그나 오픈형 백과사전 사이트 '나무위키'의 정보는 참고만 하는 게 좋습니다. 그 외 사실들은 공신력 있는 기관에서 운영하는 사이트를 이용하세요. 정부에서는 약학정보원, 환경부, 식약처 등 다양한 정보를 담은 사이트들을 운영하고 있습니다. 이런 곳들을 활용한다면 좀더 슬기롭게 화학제품을 사용할 수 있을 것입니다.

한줄꿀팁

일상 속에서 궁금한 화학 현상 한 가지를 선택해서 정부 공식 사이트 환경부, 약학정보원, 식약처 등을 참고해 상세히 조사를 해보세요. 화학에 대한 흥미가 더욱 깊어질 것입니다.

PART 3

이토록 화학이
재밌었다니!

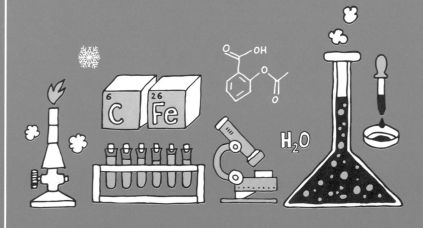

교과서와 연계되는 생활 속 화학실험

슬기롭게 써먹는
화학 치트키

천페이딩 저 · 양장쥔 그림 · 유연지 역
미디어숲 · 2024

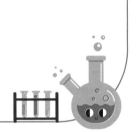

과학은 실험을 해야 재밌다

일반적으로 많은 학생이 화학을 어려워합니다. 심화과정으로 화학을 포기하는 친구들도 꽤 있고, 대학에서 화학을 전공하는 사람들조차도 늘 화학을 어렵다고 생각합니다. 그럼 이 화학을 좀더 쉽게 공부해보기 위해 무엇이 필요할까요?

정답은 바로 '재미'입니다. 그럼 어떻게 하면 화학에 재미를 붙일 수 있을까요? 이를 위한 가장 좋은 방법은 실험을 해보는 것입니다. 그러나 안타깝게도, 매번 이론 수업 후 실험을 해볼 수는 없습니다. 실험에 쓰일 재료나 장비를 구하는 것이 매우 어렵기 때문입니다. 그런데 실험실 대신 집에서 실험을 할 수 있다면 어떨까요? 《슬기롭게 써먹는 화학 치트키》는 실험실에서만 실험을 해야 한다는 편견을 산산조각 내주는 유쾌한 책입니다.

많은 노벨상 수상자는 자신이 이룬 업적이 어린 시절 경험한 작은 과학실험 덕분이었다는 소감을 이야기하곤 합니다. 대표적으로 영국의 화학자 마이클 페러데이는 이런 자신의 경험을 살려 아이들을 대상으로 크리스마스 강연을 했고, 지금도 이 크리스마스 강연은 많은 과학자의 재능기부로 이어지고 있습니다. 이 책의 저자는 이런 경험을 누구나 해보길 바라며 거창한 장비나, 화학실험을 위한 별도의 시약이 없어도 할 수 있는 실험을 준비했습니다. 누군가에게 아주 쉬운 이론일 수 있지만 반드시 이해해야 하는 실험들로 알차게 구성되어 있으니, 책을 보며 실제 도전해 보고 화학개념을 스스로 깨달을 수 있을 것입니다.

책의 구성을 먼저 살펴보겠습니다. 총 다섯 개의 단원으로 구성되어 있는 이 책은 정말 실험을 위해 만들어졌다고 해도 과언이 아닙니다. 각 단원에서 배워야 하는 개념들을 분류하여 다양한 실험들을 소개하는데 모두 집에서 친숙하게 할 수 있는 것들입니다. 연필을 갈아 만든 탄소 가루와 면봉을 이용해 지문을 채취하고, 물에 부푼 곰돌이 젤리로 삼투 현상을 이해하고, 주방세제로 베이킹소다 화산을 만들어 물질의 반응 규칙을 알아봅니다. 이 외에도 단원의 마지막에는 저자가 간단하게 정리한 과학 칼럼이 포함되어 있습니다. 덕분에 실험을 하며 개념을 정리하고, 마지막에 개념을 적용한 예시로 마무리를 할 수 있다는 장점이 있습니다.

또한 이 책 첫 장에는 아래와 같이 실험 공약이라는 글이 적혀 있는데요.

- 실험 전과 후에는 반드시 비누로 손을 깨끗이 씻겠습니다.
- 실험을 마친 후 실험 기구들을 깨끗이 세척하고, 실험 테이블을 정리 정돈하겠습니다.
- 실험 중 실수로 화학약품이 묻었을 경우, 당황하지 않고 침착하게 물로 씻어 내겠습니다.
- 예상치 못한 작은 화재가 발생하면 젖은 걸레로 불을 덮어 끄는 등 침착하게 대응하겠습니다.

연구자들의 연구실에서는 '연구실 안전수칙'이라고 부르는 내용입니다. 책을 읽으며 직접 실험을 해보고 싶다면 앞에 이 규칙을 꼭 기억하고 실험하는 것이 좋습니다.

그런데 책에는 언급되지 않았지만 가장 중요한 규칙이 하나 더 있습니다. 실험은 혼자 하면 안 된다는 것입니다. 사고가 나거나 화재가 나면 누군가 함께 수습할 사람이 필요하기 때문에 꼭 실험실에는 두 명 이상이 상주해 있어야 합니다. 사고를 낸 사람은 정신이 없어서 빠른 수습을 하기 어렵거든요. 그만큼 실험실은 주의하지 않으면 사건사고가 많이 발생합니다. 그러니 실험을 따라 하기 전 언니, 오빠, 엄마 아빠, 이모, 삼촌 아무튼 다른 누군가와 꼭 함께 규칙을 준수하며 따라 하길 추천합니다.

누구나 따라 할 수 있다

이 책에는 교과학습 내용도 충실하게 정리되어 있습니다. 함께 예를 살펴볼까요? 책에서 제시한 '실험 1-5'의 주제는 '곰돌이 젤리를 물에 담갔더니 크기가 커졌네?'입니다. 그리고 여기에 해당되는 교과학습 내용은 '세포의 구조와 기능·동식물의 구조와 기능·화학 반응의 속도와 균형·생활 속 과학 응용'이 포함된다고 적혀 있습니다. 이 내용을 바탕으로 교과서를 먼저 살펴보길 바랍니다. 학교 과학 교과서의 해당 개념을 먼저 읽어보고 실험을 진행하는 경우, 개념이 어떻게 실험으로 구현되는지 함께 이해할 수 있어 훨씬 더 기억에 남게 될 것입니다.

저자는 책에 실험 과정을 따라 할 수 있도록 상세히 설명했는데, 실제 실험을 진행하기 전 이 부분을 잘 읽어보고 실험의 재료를 준비하고, 저자가 그려낸 실험과정 그림을 보며 차분히 따라할 수 있을 것입니다. 그렇게 실험을 하다 보면 어느 순간 교과서에 나온 알쏭달쏭한 이론도 단숨에 이해가 될 것입니다.

🔬 이 책 활용법

좀더 책의 활동을 넓혀보려면 어떻게 해야 할까요? 저는 두 가지를 추천하고 싶습니다.

- 실험을 직접 해보면서 나만의 실험노트 만들기
- 실험노트를 기반으로, 나만의 실험문제와 그 답을 만들기

자, 그럼 먼저 실험노트에 대한 이야기를 해보겠습니다. 여

러분은 화학실험에서 무엇을 배울 수 있다고 생각하나요? 또 실험을 하는 과정을 잘 기억하기 위해 무엇을 해야 할까요? 많은 친구는 이 과정에서 그저 실험에 직접 참여하는 것이 전부라고 생각하곤 합니다. 안타깝게도 실험은 '하는 것'만 중요하지 않습니다. 실험을 '하고' 이 모든 과정을 '관찰'하고 '기록'하는 것이 바로 '실험을 하다'에 해당합니다. 물론 여기에 실험을 준비하고, 정리하는 과정 역시 포함되어야 온전히 화학실험을 했다고 이야기할 수 있을 것입니다.

실제 대학에서 실험 강의를 직접 진행하며 항상 학생들에게 강조하는 부분이 있습니다. "너희가 본 모든 것을 세세하게 기록해라. 실패했건 성공했건 이 모든 기록을 있는 그대로 적는 것이 실험노트를 쓰는 기본이다."는 것입니다.

그렇다면 실험노트는 어떻게 작성해야 할까요? 연구실마다 양식이 달라 규정이 있는 것은 아닙니다. 다만 반드시 이 안에 포함되어야 하는 내용이 있습니다. 먼저 마음에 드는 노트 한 권을 준비하세요. 그리고 그 안에 여러분이 실험한 내용을 적습니다. 반드시 아래 항목을 포함시켜야 합니다.

- 실험 날짜
- 실험 제목

- 실험 목적
- 실험 재료
- 실험 방법
- 실험 결과

실험 날짜를 적을 때는 화학실험의 경우 날씨도 적기를 권장합니다. 이는 공기 중에 수분이 많은지 적은지를 예측할 수 있기 때문입니다. 그러나 처음 시작할 때의 실험노트에서는 생략해도 괜찮습니다. 실험 제목, 그리고 실험 목적, 재료, 방법, 결과는 책을 보며 미리 정리해두는 것을 추천합니다. 그리고 실제 실험을 하며 순서가 달라지거나 혹은 재료가 달라지면, 추후에 그 부분을 추가해서 수정하면 됩니다.

그렇다면 결과는 어떻게 작성해야 할까요? 실제로 학생들에게 실험노트를 쓰도록 지도하면 많은 친구들이 실험 결과 정리를 어려워하는 것을 보게 됩니다. 실험 결과는 여러분이 실험을 하며 겪은 모든 것을 적는다고 생각하면 됩니다.

예를 들어 책의 '1-1 실험'에서 달걀 껍데기에 식초를 넣는 실험을 관찰한다고 생각해봅시다. 이 실험에 달걀 껍질에 식초를 넣으면 보글보글 기포가 올라오게 되고, 이 기포가 바로 이산화탄소라는 것을 책에서 설명하고 있습니다. 이때 여러분이 실제로 실험을 해보면 달걀 껍질을 얼마나 잘게 부수는지에 따라 식초를 넣었을 때 기포의 양이 달라질 수도 있고, 식초의 양에 따라 달라질 수도 있을 것입니다. 달걀 껍질의 입자 크기, 기포방울의 개수, 방울소리, 방울의 모양 등이 우리가 실험하며 얻게 되는 '결과'에 해당합니다. 이렇게 모든 실험에 동반되는 다양한 현상이 있습니다. 이런 부분을 섬세하게 잘 정리할 수 있다면 충분히 좋은 실험 결과를 얻은 것이라고 할 수 있을 것입니다.

이런 실험을 해본 뒤, 책에 나온 '사고 확장하기' 코너의 질문에 답을 해보길 바랍니다. 앞서 질문과 답을 만들어보라는 이야기를 했었는데, 마침 저자 역시 저와 같은 생각을 하고 여러분을 위한 질문을 준비했습니다. 이를 지나치지 말고 저자의 질문에 답을 해보세요. 작은 답이 모여 나중에 여러분의 화학 지식을 확장하는 데 큰 도움이 될 것입니다.

🐝 한줄꿀팁

해당 실험을 설명하는 과학 교과서를 먼저 읽은 후, 직접《슬기롭게 써먹는 화학 치트키》를 따라 집에서 실험을 해보세요. 제가 추천한 대로 실험노트를 작성하는 것도 잊지 말기 바랍니다.

미술은 화학에서 태어나
화학을 먹고사는 예술이다
미술관에 간 화학자

전창림 저 · 어바웃어북 · 2013

미술에도 화학이 중요하다고?

우리는 살아가면서 다양한 책을 읽습니다. 책으로부터 아이디
어를 얻기도 하고, 새로운 지식을 배우기도 하고, 타인의 생각
과 경험을 접하게 됩니다. 그동안 연구만 알던 저는 이 책을 읽
고 화학이 얼마나 다양한 곳에서 활용되는 지 알게 되었습니
다. 새로운 세계를 보여준 제 인생 책이라고 할 수 있죠.

　《미술관에 간 화학자》는 2003년 신간이 나온 이래 꾸준히 판매되고 있는 스테디셀러입니다. 이 책의 저자인 전창림 작가는 한양대학교 화학공학과와 동대학원 산업공학과에서 석사 학위를 취득한 뒤, 프랑스 파리국립대학교에서 고분자공학을 전공한 화학자입니다. 학위과정 후, 지금은 대학에서 학생들을 가르치고 있어 누구보다 화학에 대한 설명을 잘하는 저자라 할 수 있습니다.

그런데 이런 생각해본 적 있으신가요? 왜 화학자가 갑자기 미술에 대한 이야기를 하는 걸까요? 전창림 작가의 연구 분야는 흥미롭게도 미술에서 다루는 화학입니다. 물감과 안료의 변화, 색의 특성 등을 연구해왔기에 누구보다 색의 화학에 대해 잘 알고 있는 전문가랍니다. 이제 왜 이 책을 쓰게 되었는지 충분히 이해가 되죠?

미술은 화학에서 태어나 화학을 먹고사는 예술입니다. 그도 그럴 것이 미술의 주재료인 안료가 모두 화학물질이고, 오래된 그림의 색이 변화하는 과정은 화학변화에 해당하기 때문일 것입니다. 그래서 이 저자는 대체로 그림의 화학변화에 주목합니다. 그림의 감상에서 끝나지 않고 왜 이 부분은 색이 변했는지, 왜 벗겨졌는지, 왜 색채가 이렇게 어두워졌는지 화학자의 입장에서 설명해주고 있습니다.

출간된 이후 이 책은 내용이 추가되어 2권이 나오기도 했습니다만, 동시에 책을 읽는 것보다는 1권을 먼저 읽고 순서대로 2권을 보는 것을 추천합니다. 생각보다 1권부터 화학 지식이 많이 나와 2권을 함께 읽기엔 무리이기 때문입니다. 좋은 음식도 많이 먹으면 탈이 나는 것처럼, 첫 번째 책을 읽어보고 소화 가능하다 싶으면 도전해보길 바랍니다.

미켈란젤로 〈최후의 심판〉의 파란색

이 책의 첫 번째 주제는 '미술의 역사를 바꾼 화학'입니다. 안료의 역사, 그리고 안료의 발전에 따라 인간이 어떤 색을 사용하게 되었는지를 설명하는 챕터로, 다양한 그림들의 이야기가 소개되어 있습니다. 함께 화학자의 시선에서 그림을 감상해볼까요?

여러분은 〈최후의 심판〉이란 작품에 대해 들어본 적이 있나요? 워낙 유명한 작품이라 이미 직접 본 사람들도 많을 것입니다. 이 작품은 6년의 작업 시간, 총 14미터에 달하는 바티칸 시스티나예배당의 거대한 벽면에 391명의 온갖 인간의 형태가 그려져 있는 것으로 유명합니다.

이 작품에는 지금까지 전해오는 다양한 에피소드들이 많은데요. 그중 한 에피소드로 지옥의 미노스 얼굴에 얽힌 일화가

미켈란젤로, 바티칸 시스티나예배당 〈최후의 심판〉, 1535~1541

있습니다. 〈최후의 심판〉의 마무리 단계가 진행되던 때, 당시 교황이 의전관인 체세나를 대동하고 미켈란젤로의 작업실에 방문했습니다. 그때 체세나가 미켈란젤로에게 이 그림의 인간들이 나체라는 점을 지적하며, 불경한 그림이라고 비판을 했다고 합니다. 이 그림은 성당이 아니라 공중목욕탕에나 걸어야 할 불경할 그림이라고 말이죠. 6년에 걸쳐 이 그림을 그렸던 미켈란젤로가 화날 만한 소리죠? 그래서 미켈란젤로는 지옥에서 가장 나쁜 악인인 미노스의 얼굴에 체세나의 얼굴을 그렸다고 합니다. 이런 소소한 에피소드를 보며, 이 그림에 숨어 있는 화학을 찾아봅시다.

저자가 찾아낸 〈최후의 심판〉 속 화학은 예수 옆에 고개 숙인 성모마리아입니다. 정확히 성모마리아의 치마 색에 집중하고 있는데요, 이 치마의 색은 아주 예쁜 파란색이랍니다. 과거 인간은 어떻게 이런 색을 만들어 낼 수 있었을까요?

이 파란색을 만들어낸 안료는 울트라마린ultramarine인데요, '청금석'이라는 광물로부터 만들 수 있습니다. 이 울트라마린을 갈아서 물이나 기름에 개어 사용하는 것이 당시의 물감을 만드는 방법이었습니다. 이 청금석은 다이아몬드와 유사한 결정 구조를 가지는 석회암 속 광물로 아프가니스탄에서 구해야 했기 때문에 아주 비싼 안료였습니다. 그래서 사람들은 울트라마린을 구하지 못해 이와 비슷한 색을 찾기 위해 다양한 광물을 사용했다고 합니다.

어떤가요? 미술에서 사용하는 안료가 돌가루였다니 신기하지 않나요? 특히 책에는 이 울트라마린의 화학성질을 주석으로 설명해주고 있습니다. 이 설명에 따르면 울트라마린에 열을 가하면 농색이 되고, 좀더 가열해 녹이면 색이 없는 유리가 된다고 합니다.

책을 잠깐 살펴보았을 뿐인데, 벌써 상식이 늘어난 것 같지 않나요? 책 한 권으로 과학 상식과 예술 상식을 함께 습득할 수 있다니 정말 놀랍지 않나요?

울트라마린과 아주라이트

그렇다면 이 책을 어떻게 보면 좋을까요? 저는 화학반응을 통해 색의 변화와 그림의 변화를 설명한 부분에 집중해서 읽는 것을 추천합니다. 그리고 이때 그림을 인터넷에서 검색해서 선명한 화면으로 크게 보면서 책의 내용을 찾아보는 것도 좋습니다.

청금석
울트라마린 블루 화학식: $Na_6Al_6Si_6O_{24}S_4$

아주라이트
아주라이트 화학식: $Cu_3(CO_3)_2(OH)_2$

처음 그림이 그려졌던 당시에는 어떤 색, 또 어떤 모습이었을까요? 지금의 색과 과거의 색은 똑같을까요? 간혹 우리는 명화를 보다 유독 어두운 색채로 그려진 그림 혹은 채색이 벗겨진 그림을 만나곤 합니다. 미술 시간에 수업을 들었던 지식들을 떠올려 보면, 어두운 색채의 그림은 작가의 의도이거나 당시 유행하던 화풍이라 설명 들었던 기억이 있습니다. 또 채색이 벗겨진 그림은 너무나 당연하게 세월의 흔적이라고 생각을 했었습니다. 그런데 알고 보니 재미있게도 이 안에 화학 원리가 숨겨져 있습니다.

앞서 이야기한 울트라마린을 다시 소환하겠습니다. 조금 전에 울트라마린이 아주 비싸다고 했던 이야기를 기억하나요? 그래서 많은 예술가는 울트라마린을 자주 사용하기 어려웠습니다. 그러면 이들은 어떻게 파란색을 사용했을까요? 저자는 울트라마린과 같은 파란색을 띄지만 상대적으로 저렴한 안료인 아주라이트azurite를 썼을 것으로 이야기합니다. 아주라이트는 남동석이라는 광석으로 구리 광산에서 발견되며, 같은 곳에서 녹색 안료인 말라카이트malachite도 함께 출토됩니다. 그래서 간혹 아주라이트는 파란색이기도 하지만 약간의 녹색을 함유하기도 한다고 합니다.

아무튼, 아주라이트는 당시 유럽 본토에서 생산될 수 있어서 가격이 현저히 낮았다고 합니다. 그래서 울트라마린을 대체해서 사용하는 개념으로 시트라마린citramarine이라고 불렸다고 합니다. 당시 예쁜 파란색으로 많이 사용했을 이 시트라마린, 즉 아주라이트에는 치명적인 약점이 있었습니다. 당시에는 알 수 없던 약점인데, 그것은 바로 화학 안정성이 떨어져서 시간이 지나면 퇴색된다는 점입니다. 그래서 파란색에서 어두운 색으로 변화하게 되는데 안에 녹색도 약간 머금고 있다 보니, 이후 칙칙한 갈색으로 변하게 됩니다.

실제 미켈란젤로의 다른 작품인 〈그리스도의 매장〉에 보면 막달라 마리아의 옷 색깔은 갈색으로 보이는데, 아마도 초기에는 아주라이트로 청색을 표현했다가 나중에 시간이 지나며 변색되었을 것으로 여겨지고 있습니다. 당시 미술가들은 미술만 하면 되는 것이 아니라, 화학도 잘 알았어야 했던 것이지요.

🔬 왜 에이크의 그림은 수백 년이 지나도 선명할까

반면, 화학 지식(?)이 풍부했던 것인지 미술재료를 너무나도 잘 다루었던 것인지는 알 수 없지만, 현대까지 작품이 변색되지 않고 잘 유지된 작가도 있습니다. 과거 화가들은 지금과 같은 물감이 없어서 그림의 재료를 스스로 만들어 사용했는데, 그러다 보니 화가마다 물감을 제조하는 기술이 모두 달랐다고 합니다. 현대로 치면 모든 화가들마다 커스텀 물감이 있던 셈이죠. 〈아르놀피니 부부의 초상〉이라는 명작을 본 적 있나요? 결혼을 하는 한 남녀의 모습이 그려져 있는데, 색감이 아주 예쁜 것으로 유명합니다.

한 번이라도 컬러로 된 이 그림을 봤다면 아주 색감이 선명한 것을 알 수 있을 겁니다. 그런데 이 그림, 언제 그려졌을까요? 놀랍게도 1434년에 그려진 그림입니다. 1400년대 그림의 색이 지금까지 이렇게 선명하다는 것이 놀랍지 않나요?

이 그림을 그린 사람은 '유화의 창시자'로 알려진 얀 반 에이크Jan van Eyck입니다. 에이크는 유화를 그릴 때 식물성 불포화지방산인 아마인유를 활용하였습니다. 이 불포화지방산을 사용하게 된 것이 바로 에이크의 그림이 현대까지 잘 남아 있고, 정교한 그림이 만들어질 수 있었던 신의 한 수였습니다.

현대의 유화 물감에도 이 아마인유가 포함됩니다. 아마인유는 불포화지방산이라고 설명했는데, 이 불포화지방산은 화학적으로는 불포화기를 포함하고 있는데요. 이 불포화기가 포함되어 있는 기름은 탄소결합을 모두 하고 있는 포화지방산에 비해 녹는점이 낮아 상온에서 액체상태로 사용할 수 있습니다.

그리고 시간이 지나면 이 불포화기가 가교결합을 하여 굳어지며 피막을 형성합니다. 이 피막은 얇은 막을 말하는데, 이 얇은 막이 물감을 덮어 물감의 색을 보호했던 것입니다.

이런 내용을 도판 없이 글로만 보면 상상이 잘 안 갈 것입니다. 그래서 인터넷으로 상세히 컬러 그림을 함께 찾아보는 것을 추천한 것입니다.

또한 이 책에서는 순서대로 미켈란젤로, 에이크, 레오나르도 다빈치의 작품을 소개하는데요. 흥미롭게도 이 셋은 모두 동시대를 살았던 사람입니다. 그런데 동시대에 작품 활동을 했음에도 미켈란젤로와 에이크의 작품은 잘 보존된 것에 반해, 다빈치의 작품은 손상이 많이 되었습니다. 다빈치의 작품만 홀로 세월을 맞이한 것도 아닐 텐데 왜 이런 일이 벌어졌을까요?

저자는 이러한 부분이 화학에 대한 이해 부족이 낳은 참사라 설명합니다. 가령 에이크는 불포화지방산을 활용한 물감 덕에 오래 색을 보존할 수 있었습니다. 그런데 다빈치의 작품 〈최후의 만찬〉은 그림이 많이 흐려진 모습을 관찰할 수 있습니다. 〈최후의 만찬〉은 유화와 템페라 기법을 혼합한 작품입니다. 템페라 기법에서는 달걀노른자를 사용해서 물감을 만듭니다. 화학적으로 달걀노른자는 수분이 50퍼센트 이상 포함된 유화액emulsion인데 이 유화에서는 기름을 씁니다. 현대인인 우리가

안 반 에이크, 〈아르놀피니 부부의 초상〉, 1434

모두 알고 있듯이 물과 기름은 섞이지 않습니다. 그런데 템페라와 유화를 함께 사용을 했으니, 당연히 물과 기름이 흩어져 상분리 현상이 일어날 수밖에 없었던 것입니다. 상분리 현상으로 인해 물감이 분리되어 색이 흐릿해진 것이죠.

또 다른 경우에서 다빈치는 원소 중 납(Pb), 구리(Cu)가 포함된 흰색, 녹색과 황(S)이 포함된 버밀리온, 울트라마린을 함께 사용했습니다. 문제는 이 원소들이 서로 반응한다는 것이고, 반응하면 검은색 또는 갈색으로 변한다는 점이었습니다. 그러니 원래 작가가 의도했던 색에서 점점 더 칙칙해졌을 것입니다. 우리가 눈으로 보는 색이 작가의 의도가 아니었다는 사실이 흥미롭지 않나요? 동시대를 살았던 사람들이지만, 각자의 기술 차이가 현대에 어떤 그림을 남기는지를 결정했던 것입니다.

🔬 이 책 활용법

책의 저자는 위와 같은 비교가 가능하도록 챕터별로 화가와 작품을 선택하여 정리하였습니다. 그래서 되도록 책을 순서대로 읽고, 이들의 작품을 함께 찾아보는 것을 추천합니다.

　미술 역시 과학처럼 역사가 오래된 분야이기에 하나의 이야기 책이라 생각하고 읽다 보면 정리가 더 잘 될 것입니다. 이렇게 다 읽은 뒤에는 어떻게 활용하는 것이 좋을까요?

　저는 이 책을 2007년에 처음 구매했습니다. 증보판인지도 모르고 구매했는데, 지금도 이 책을 미술관용으로 활용하고 있습니다. 저는 처음 이 책을 다 읽은 뒤, 미술에 흥미가 생겼습니다. 책에 나오는 미술기법, 원소와 색을 연결하여 저만의 메모를 만들고 기억해 두곤 했었습니다.

그리고 이 메모(저는 플래너를 늘 들고 다닙니다.)를 가지고 미술관을 방문하기 시작했습니다. 여러분 주변에는 생각보다 다양한 전시가 열립니다. 아니면 박물관을 가도 괜찮습니다. 만약 국립중앙박물관에 가기로 했다면 김홍도 편을 읽고 중요하다고 생각되는 기법을 기억해두었다 방문하는 것입니다.

화학이 어려워서 포기할까 고민이 되는 학생들은 이 책을 꼭 읽기 바랍니다. 화학 내용을 다 이해하지 못하더라도 미술이 화학의 한 종류임을 알게 되고, 최소한 그림 색이 왜 이렇게 변했는지 등을 기억하게 될 것입니다. 그것만으로도 미술과 화학이 재밌어질 테니까요.

🐝 한 줄 꿀팁

《미술관에 간 화학자》에서 언급되는 그림들은 따로 검색해서 큰 화면으로 감상하세요. 그리고 저자의 설명에 귀를 기울여보세요. 마치 미술관을 산책하는 것 같은 기분이 들 것입니다.

화학자의 시선으로 추리소설을 해부하는 책

죽이는 화학
: 애거사 크리스티의 추리소설과 14가지 독약 이야기

캐스린 하쿠프 저 · 이은영 역 · 생각의힘 · 2016

추리소설의 여왕은 독극물 마니아

여러분은 추리물을 좋아하나요? 이번에 소개할 책에는 추리
소설을 좋아하는 사람들이라면 한 번쯤 실화인지 의심해봤을
법한 이야기를 담고 있습니다. 추리소설 마니아들은 누구나
알고 있는 유명한 작가가 있는데요. 바로 셜록 홈즈를 탄생시
킨 작가 아서 코난 도일Sir Arthur Conan Doyle, 그리고 《오리엔트 특
급 살인》의 포와로Poirot 탐정을 탄생시킨 작가, 애거사 크리스

티 Agatha Christie 입니다.

물론 요즘 친구들에게는 조금 생소한 작가이겠지만, 그녀는 1920년 첫 추리소설을 출간한 이후, 80여 편의 명작들을 연이어 히트시킨 '추리소설의 여왕'이라 불리고 있습니다. 왜 여왕이냐고요? 그도 그럴 것이 그녀의 작품이 영어권에서 10억 부이상 팔렸고, 103개의 언어로 번역되어 100억 부 이상의 판매고를 올려 기네스 세계기록에 등재되었기 때문입니다.

일단 이 정도의 배경 지식을 가지고 함께 책을 살펴보겠습니다. 《죽이는 화학: 애거사 크리스티의 추리소설과 14가지 독약 이야기》는 제목에서 드러나듯, 크리스티의 추리소설에 나온 14가지의 독약을 주제로, 독약을 구성하는 화합물의 화학구조를 추론하고 어떤 물질을 사용했는지, 또 그 물질이 인간의 몸에 들어가서 어떤 치명상을 입히는지를 과학적으로 설명하고 있습니다.

그래서 결국 소설에 나온 독이 진짜 독이 맞는지, 또 크리스티가 설명한 피해자의 사망 방식이 실제 화학 원리를 담고 있는지를 역으로 추적하는 책입니다.

만약 애거사 크리스티의 소설을 읽어본 적 있는 이들이라면 제대로 트릭을 해부할 수 있는 절호의 기회일 것입니다. 크리스티는 자신의 많은 작품 속에서 희생자를 제거하는 데 독약을 즐겨 사용했습니다. 특정 범죄수법을 통해 희생자가 발생하고 탐정이 이를 해결하는 에피소드로 구성되는 추리소설의 특성상 매번 다른 범인, 그리고 그에 맞춰 다양한 범죄수법이 필요한 데 반해, 크리스티는 서로 다른 14가지의 독약을 활용하여 에피소드마다 희생자를 만들었다고 하니, 독약에 정통하지 않고서는 가히 생각할 수 없었을 것입니다.

이 책의 저자인 캐스린 하쿠프Kathryn Harkup는 화학자이자 작가로, 포스핀phosphine 연구로 박사학위를 받았습니다. 학위를 받은 이후, 과학을 대중에게 설명해주는 것에 매력을 느껴 과학의 괴짜 같은 면모를 전문적으로 다루는 프리랜서 과학 커뮤니케이터로 활동하게 되었다고 합니다.

그렇다면 추리소설의 여왕, 애거사 크리스티는 자신의 작품 속 희생자들을 아무 독약이나 무작위로 사용해서 제거했을까요? 저자는 그렇지 않다고 말합니다. 절대 아무 독약을 선택한 것이 아니라, 이야기의 핵심 열쇠로 독약 그 자체를 사용했다고 설명합니다. 그 독약이 가진 특성들이 바로 살인범을 잡는 중요한 단서가 되었기 때문입니다.

🔬 원작을 먼저 읽자

이 책을 보기 전, 여러분에겐 배경 지식이 필요합니다. 책에서 자주 언급하는 애거사 크리스티의 소설을 미리 읽어보는 것입니다. 만약 여러분이 크리스티의 소설을 접한 적이 없다면, 간단하게 영상을 찾아보는 것도 좋습니다. 애거사 크리스티의 소설은 《명탐정 포와로》라는 이름으로 드라마 및 영화로 제작된 적도 있습니다. 물론 배경 지식이 없어도 책을 보는 것에는 지장이 없습니다. 그러나 아무 정보가 없다면 이 책 자체가 설명이 많아 산만하다고 느껴질 수도 있어 저는 해당 편을 함께 읽는 것을 더 추천합니다.

크리스티는 화학 지식이 아주 풍부한 사람이었습니다. 과거 그녀는 간호사로 일을 했었고, 특히 병원 약국 조제실에서 약을 만들며 약사 시험을 준비했다고 합니다. 그래서 당시 사용하던 독에 대한 지식이 매우 해박했을 것으로 예상됩니다.

이런 배경 지식을 가지고 함께 책을 살펴볼까요? 책에 나오는 다양한 독은 지금도 독으로 구분되는 것들이 많습니다. 그렇다면 크리스티의 책에서 가장 많이 사용된 독은 어떤 것일까요? 바로 자그마치 10편의 장편과, 4편의 단편에서 17명의 희생자를 만들어낸 '청산가리'입니다. 약에 대한 화학적 지식과 약물학 지식이 풍부했던 크리스티는 자신이 창조한 살인마들로 하여금 창의적인 방법으로 청산가리를 사용하게 했습니다. 독을 탄 술 제조, 직접 주입, 코로 흡입, 담배로 만들어 죽이기도 했습니다. 그렇다면 책에 나온 청산가리는 어떤 물질일까요?

🔬 이 책 활용법

청산가리는 한글로는 사이안화칼륨(청산가리)이라고 일컬어지는 화합물입니다. 화학식은 KCN으로 적는 무기화합물로, 아주 극소량만 섭취해도 사망할 수 있는 아주 강력한 독극물입니다. 물에 이온화되는 특징을 가지고 있어서 굉장히 잘 녹고, 그래서 인간이 섭취하게 되는 경우 체액에서 빠르게 분포가 가능합니다. 청산가리의 청산(CN^-)은 인간의 몸에서 철이온(Fe^{3+})과 강하게 결합하여, 세포호흡을 하는 효소의 기능을 방해합니다. 이 때문에 인간의 몸속 세포의 조직은 산소를 이용하지 못해, 정맥혈의 색이 동맥혈처럼 푸르게 변하고, 점막은 적색으로 변화하는 특징을 보입니다. 물론 소설에는 이런 모습을 보이며 사망한 희생자의 모습이 서술되어 있고, 이를 기반으로

KCN과 HCN의 분자식

탐정은 청산가리 중독을 밝혀내게 됩니다.

책의 저자는 이런 화학 지식을 기반으로 크리스티가 희생자를 만들 때 사용한 독약을 분석합니다. 그러다 보니 원작소설의 내용을 자세하게 설명하게 되는데 이 내용을 보며 그냥 흘려보내지 말고, 언급된 독에 대해 실제로 검색해 보길 추천합니다. 그리고 이러한 독이 어떤 화학구조를 가지고 있는지, 어느 정도의 치사량을 가지고 있는지 또 이 독이 자연에 있는 것인지를 찾아보는 것입니다.

예를 들면, 앞서 사이안화칼륨는 세포호흡을 막아 사람을 사망하게 합니다. 재밌는 점은 실제 사이안화칼륨이 몸에 들어가면 더 강한 독극물이 된다는 것입니다. 사이안화칼륨은 위에 들어가 위산의 주성분인 HCl(염산)을 만나게 됩니다. 그리고 이때 수소이온 하나를 받아, 사이안화수소라는 물질이 만들어지는데, 사이안화수소는 사이안화칼륨보다 더 강한 독성물질이 됩니다. 독성 정보에 따르면, 사이안화수소의 치사량은 1킬로

그램당 6~90mg이고, 사이안화칼륨은 200mg으로 알려져 있으며 몸무게당 용량이 작으면 작을수록 극독이라 판단합니다. 그래서 사이안화칼륨은 섭취 시, 증상 발현의 시간과 치사량의 여부는 섭취 당시 섭취자의 위액 산도에 따라 달라질 수 있습니다. 그때그때 사이안화수소의 생성 속도, 혹은 생성 농도가 확연히 바뀔 수도 있기 때문입니다.

이처럼 관련해서 직접 찾아보니 훨씬 더 많은 정보가 있다는 사실이 느껴지나요? 화학과 관련된 서적은 내용이 어렵고, 기억하기가 어려워 '덕질'의 마음이 아니라면 접하기가 쉽지 않습니다. 그러나 책에 나온 내용을 계속 파헤쳐가다 보면 더 많은 정보를 얻기도 하고, 또 많은 지식이 머릿속에 남기도 합니다. 물론 이 책을 시작으로 크리스티의 추리소설에도 도전해 보면 더 재밌는 경험이 되겠죠?

🐝 한줄꿀팁

최소 한 편 정도는 애거사 크리스티의 원작 추리소설을 읽고 이 책을 펼쳐보세요. 더욱더 재미있게 느껴질 거예요.

16

DNA 구조를 밝힌 현대 화학의 고전

이중나선
: 생명에 대한 호기심으로 DNA 구조를 발견한 이야기

제임스 왓슨 저 · 최돈찬 역 · 궁리출판 · 2019

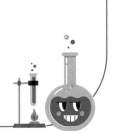

🔬 과학자 왓슨의 자전적 이야기

이번에는 현대 화학의 고전으로 불리는 책을 소개해보겠습니다. 1968년 DNA 나선구조를 밝혀 노벨 생리학, 의학상을 수상한 과학자, 제임스 왓슨James D. Watson이 저술한《이중나선The Double Helix》입니다.

많은 과학교양 서적이 딱딱한 문체로 적혀 있는 반면, 이 책은 마치 에세이를 보는 것처럼 쉽게 읽을 수 있습니다. 과학자의 직접적인 이야기가 적혀 있다는 점에서 앞서 소개한 마이클 패러데이의 《촛불의 과학》과 유사하다고 생각할 수도 있는데요.

그러나 두 책은 분명 큰 차이가 존재합니다. 《촛불의 과학》은 패러데이가 직접 저술한 것이 아니라, 그가 한 강연을 기록한 일종의 속기록입니다. 또한 속기록의 주제는 패러데이가 자신의 연구를 설명했다기보다 과학을 모르는 이들을 대상으로 한 대중강연에 해당합니다. 반면 왓슨의 《이중나선》은 왓슨이 에세이 형식으로 그가 DNA 연구를 하며 있었던 에피소드들과 연구과정 전체를 설명하는 자전 소설에 가깝습니다.

일종의 자서전, 그리고 자전 소설에 더 가까운 이 책에 대해 자세히 살펴보겠습니다. 이 책의 주인공 왓슨은 미국의 분자생물학자로 1953년 프랜시스 크릭Francis Crick과 함께 DNA의 이중나선 구조에 관한 논문을 《네이처》지에 발표하고, 이를 바탕으로 1962년 프랜시스 크릭, 모리스 윌킨스Maurice Wilkins와 함께 노벨 생리학, 의학상을 수상한 이력을 보유한 과학자입니다. 이공계 연구를 꿈꾸는 학생들에게는 교재에서 빼놓지 않고 만나는 대표적 인물이라 할 수 있습니다.

왓슨은 1951년 박사학위 취득 후 연구원으로 영국 케임브리지대학교 캐번디시연구소에서 크릭을 만났습니다. 그리고 함께 DNA 구조규명 연구를 하게 되었다고 합니다. 이후 왓슨은 미국 하버드대학교 생물학과 교수로 분자생물학 연구를 해오고 있으며, 게놈 프로젝트를 주장하여 이 프로젝트의 초대 책임자를 맡기도 했습니다. 유전자 연구에서 그보다 더 유명한 과학자를 찾기는 어렵다 할 정도로 엄청난 석학이지요.

그런 그가 저술한 《이중나선》에는 전지적 작가 시점으로 DNA 연구가 어떻게 진행되었는지 기록되어 있습니다. 자신이 연구를 하게 된 계기, 그 과정에서의 동료 과학자들과의 다툼과 의견충돌부터, 어떻게 연구가 진행되었는지, 무엇에 집중했는지, 어디서 아이디어를 얻어 연구를 다듬어갈 수 있었는지 등 다양한 에피소드가 적혀 있습니다. 이를 읽다 보면 과학자들도 평범한 우리처럼 현장에서 비슷한 갈등을 겪으면서 살아간다는 것을 깨닫게 됩니다. 똑똑하다는 천재들이 모여 있는 실험실도 일반 회사와 다를 바가 없는 것이죠. 그래서 과학에 대해서 잘 알지 못한 사람들이더라도, 책을 읽는 데는 전혀 문제가 없습니다.

이처럼 이 책의 재밌는 점은 DNA 구조를 밝혀내는 연구를 수행한 과학자들의 인간적인 면모를 확인하는 것에 있습니다. 특히 책의 화자인 왓슨은 과학자라서 차분할 것이라는 일반 사람들의 상상과는 달리 경쟁자에게 밀릴까 전전긍긍하기도 하고 다른 동료 과학자들에게 무시당할까 봐 허세를 부리기도 합니다. 또는 다른 과학자들을 질투하기도 하죠. 특히 당시 함께 연구했던 과학자 중에 로절린드 플랭클린Rosalind Franklin에 대하여 친해지기 전에 '뭐 저런 여자가 다 있어'라며 비하하던 모습부터, 이후 서로를 동료 과학자로 인정하고 함께 진지하게 연구하며 그녀를 존중하기 시작한 모습을 솔직하게 이야기하기도 합니다. 플랭클린은 DNA 나선구조를 규명하는데, 가장 중요한 열쇠인, DNA 나선사진(엑스레이 촬영 사진)을 얻어낸 연구자입니다. (결정학을 연구하는 화학자로, 엑스레이를 사용하여 물질의 결정구조를 연구했습니다.)

특히 초반 그녀와 사이가 나빴다가 나중에 서로를 존중하게

로절린드 프랭클린 사진

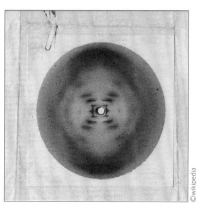
DNA 회절 사진

된 계기를 설명하며, 서로의 오해가 풀린 에피소드를 이야기하는 부분을 보면, 당시 이론연구자와 실험연구자 사이의 간극이 꽤나 컸다는 것을 엿볼 수 있습니다. 이런 걸 보면 과학자들의 일상도 우리의 일상과 다른 것이 없지 않나요?

🔬 소설인가? 자서전인가?

이 책은 가볍게 읽는 것이 좋습니다. 그리고 모든 내용을 완전히 믿을 필요는 없다는 점을 염두에 두고 읽는 것을 추천합니다. 앞서 이야기한 것처럼 이 책은 전지적 작가 시점입니다. 특히 이미 노벨상을 수상한 이후 왓슨이 저술한 것이기 때문에 본인 위주로 전개되고 있어 성과도 주관적으로 서술되어 있습니다.

그래서 이를 그대로 받아들이게 된다면, 함께 연구에 아이디어를 제공했던 다른 과학자들과의 협업이 의미 없는 것처럼 느껴질 수밖에 없습니다. 실제 그럴 리가 없겠죠?

이 책을 보며, 여러분이 꼭 기억해야 할 일이 있습니다. 세상에 공짜는 없고 모든 연구는 혼자 할 수 없다는 만고의 진리입니다. 책을 보면 실제 왓슨은 연구를 하다 벽에 부딪힐 때, 다른 과학자들과 이야기를 하며 답을 찾아가는 과정이 자주 나옵니다. 실제 그들은 DNA 모형을 만들며 뼈대의 위치가 분자 밖에 위치해야 한다는 프랭클린의 주장을 받아들였고, 이 결과로 DNA 나선구조가 확보되었음을 인정합니다. 그 덕에 당시 경쟁자였던 라이너스 폴링Linus Pauling을 제치고 현대 우리가 알고 있는 DNA 나선구조를 발표할 수 있었다고 합니다.

이 책 활용법

이 책에 나오는 과학자들의 이름이 익숙하기도 하고, 또 그렇지 않을 수도 있을 것입니다. 왓슨의 기록에 나오는 인물들은 해당 분야를 전공하는 이들에게는 아주 익숙한 유명 과학자들이 대부분입니다. 여러분에게 낯선 이름이 있다면, 이 과학자의 업적을 찾아보고, 그의 연구가 왓슨의 DNA 연구와 어떤 연관성이 있었는지 알아보는 활동을 추천합니다. 특히 당시 왓슨의 경쟁 그룹은 비타민C를 연구한 폴링 그룹입니다. 실제 두 그룹은 엄청난 경쟁을 해왔는데, 폴링 그룹의 DNA 연구와 왓슨의 연구에서 나온 구조가 어떻게 다른지 비교해보는 것도 재밌을 것입니다.

왓슨은 망언으로 유명한 과학자이기도 합니다. 인종과 유전자를 연결하여 우생학에 관련된 주장을 한 적이 있는데, 이런 부분도 찾아보는 것이 여러분의 인식 전환에 도움이 될 수 있습니다. 간혹 많은 이는 과학자를 전문가라 칭하며, 과학자의 말이 모두 옳다는 생각을 하곤 합니다. 과학적, 논리적 사고를 많이 할 테니 실수를 하지 않을 것이고, 또 세상을 올바르게 볼 것이라는 맹목적인 믿음에서 비롯되었을 것입니다.

그러나 과학자는 과학연구를 직업으로 하는 일반 사람일 뿐입니다. 세상 모든 일을 공정하게 보는 것도 아니고, 본인의 연구를 제외하고 나머지는 잘 모르는 것이 정상입니다. 왓슨의 또 다른 주장을 찾아보고, 특정 분야의 전문가가 되었을 때, 우리가 갖추어야 할 인문학적 소양은 무엇일지 고민해보는 것도 좋은 활동이 될 것입니다.

한줄꿀팁

다양한 서평, 인터넷 자료, 신문기사 들을 활용해서 《이중나선》에서 왓슨이 스스로 언급하지 않은 이야기들을 찾아보세요. 또 다른 시선으로 그를 볼 수 있을 것입니다.

화학과 인생에 대한 깊이 있는 통찰

화학에서 인생을 배우다

황영애 저 · 더숲 · 2010

과학책 아닙니다, 인생 책입니다

화학자는 세상을 어떤 눈으로 바라볼까요? 이번에 소개할 책은 화학자가 화학이라는 과학 이론을 통해 인생의 철학과 교훈을 이야기하는 교양서적입니다.

이 책을 저술한 황영애 박사는 서울대학교 화학과를 졸업하고, 50여 년 간 화학을 연구해온 저명한 화학자입니다. 상명대학교에서 많은 학생을 가르쳤고, 지금은 명예교수로 재직 중입니다. 무기화학을 전공한 과학자로, 전공서적인《현대 무기 화학》,《무기화학실험》등과 같은 책도 저술할 만큼 대한민국 대표 화학자입니다.

이 책은 앞서 언급한 바와 같이, 기존 교양화학 서적과는 다른 방식으로 화학을 이야기합니다. 보통 일상 속에 숨은 화학 원리를 설명하는 경우가 대부분인데 이 책은 일상을 소개하는 데 화학을 이용하고 있습니다. 화학의 기본개념을 설명하고, 이 개념을 저자가 오랜 세월 겪어온 삶의 지혜와 연결 짓는 방식으로, 인생을 화학으로 설명하고 있습니다.

그래서 결국 이 책은 화학을 설명하는 책 같아 보이지만, 사실 인생의 심오한 고찰을 담고 있는 인문서 혹은 자전 에세이에 더 가깝습니다. 미래가 불안하거나 혹은 인생의 지혜가 필요한 이들에게 더욱 친숙하게 다가갈 수 있을 것입니다. 과학 서적인 척하지만, 사실은 인생을 논하는 교양서적, 대체 어떻게 읽어야 재미있게 읽을 수 있을까요?

화학자의 뇌를 빌려 세상을 보다

이 책을 볼 때는 과학 지식을 얻기보다는, 화학이론 및 현상이 일상에서 어떻게 해석되는지를 좀더 집중해서 볼 필요가 있습니다. 화학자의 시선에서 화학자가 가진 사고로 세상을 바라보는 귀한 경험이 될 수 있기 때문입니다.

모든 인간은 자신이 처한 상황과 자신이 배운 지식을 바탕으로 세상을 바라보게 됩니다. 그러한 이유로 자신의 스펙트럼이 넓을수록 더 많은 세상을 포용할 수 있는 것입니다. 그렇다면 화학자들은 자신의 지식을 기반으로 어떻게 세상을 해석하게 될까요? 책에는 이 질문에 대한 답이 충실히 담겨 있습니다.

책을 읽는 동안 분명 어려운 이론이 툭툭 튀어나올 수 있습니다. 책을 보는 요령을 알려 드리면, 이론을 꼼꼼하게 읽으려고 하지 말고 화학이론을 통해 저자가 설명하고자 하는 주제를 먼저 기억해두는 것을 추천합니다. 이런 주제는 책의 챕터 서두에 한 줄로 정리가 되어 있으니, 찾기가 어렵지는 않을 것입니다.

한 번 같이 살펴볼까요? 화학에는 '화학평형'이라는 개념이 존재합니다. 이 화학평형을 설명하기 위한 이론으로 '르샤틀리에 원리'가 있는데, 이 이론은 동적평형 상태에 있는 어떤 계가 외부의 자극을 받으면 그 자극의 영향을 최소화하는 방향으로 새로운 평형을 만든다는 이론입니다.

화학에서는 화학반응을 통해 출발물질이 생성물질로 변화

하게 됩니다. 이때 출발물질이 생성물질로 만들어지는 것을 '정반응', 반대로 생성물질이 출발물질이 되면 '역반응'이라 부릅니다. 이 정반응과 역반응이 함께 존재할 때가 있는데, 정반응이 진행되는 속도와 역반응의 속도가 똑같아서, 겉으로 볼 때 반응이 정지된 것처럼 보이는 착각으로 이 상태를 동적평형 상태라고 합니다.

이렇게 평형이 이루어진 상태에서 어떤 조건 하나가 변화한다고 생각해봅시다. 화학반응은 이 조건으로 바뀐 변화가 최소화될 수 있는 방향으로 평형을 이동시킵니다. 이를 쉽게 정리해보면, 정반응이 증가할 수도 또는 역반응이 증가할 수도 있다고 표현할 수 있습니다. 그리고 이 현상을 설명하기 위해 필요한 이론이 르샤틀리에의 원리가 됩니다.

화학평형이 변화하는 이 상황, 어디선가 많이 본 것 같지 않나요? 우리의 일상에도 이런 르샤틀리에의 원리가 적용되는 순간이 존재하기 때문입니다. 남에게 또는 자신에게 부담스럽거나 스트레스를 주는 상황이 발생하면, 마음은 계속 불안해집니다. 이 스트레스를 해결하기 위해 다른 문제에 집중하기도 하고, 최선을 다해 그 문제에서 도망가기 위해 노력합니다. 마치 동적평형에 외부의 자극이 들어와 화학평형이 계속 흔들리며 움직이는 상황과 유사하지 않나요?

또 다른 경우는 어떤 것이 있을까요? 저자는 시대의 흐름을 이야기합니다. 인간 역사에서 오랜 세월 당연하고 자연스럽게 받아들여졌던 일들이 사회가 변화함에 따라 모순이 드러나고, 이 모순을 없애기 위해 노력하는 현상을 설명하고 있습니다.

바로 가부장제에서 성별에 관계없이 모두가 평등한 세상으로 변해가는 작금의 시대상이나, 이공계 기피 현상 및 IMF로 인해 사라진 과학기술인과, 그렇게 과학의 부재로 쌓여가는 바이러스의 공격, 환경오염 문제 등에 대한 이야기가 대표적입니다. 전자는 평형의 이동, 후자는 평형이 깨진 현상을 설명할 수 있을 것입니다.

화학의 이론으로 보는 세상이 여러분은 어떻게 느껴지나요? 어려운 이론도, 인생의 원리와 크게 다르지 않다는 생각이 들지는 않았나요?

이 책 활용법

이처럼 화학의 작은 이론도 사람의 인생과 연결이 됩니다. 그래서 이 책은 최대한 가볍게 에세이처럼 읽는 게 좋습니다. 물론 중간중간 나오는 이론 중, 여러분이 기억하고 싶은 이론이 있다면 잘 메모해 두었다가 일상생활에 적용해보는 것도 좋을 것입니다.

가끔 오고가며 만나는 많은 사람은, 제가 과학을 공부했다는 이유 하나로 성격이 차갑거나 꽉 막혔을지도 모른다고 생각합니다. 또는 과학자이기 때문에 감성이 없을 거라고 예단하는 경우도 있습니다. 또는 세상 사는 일에 관심이 없을 거라고 생각하기도 하죠.

조금이라도 과학자에 대하여 이런 편견을 가지고 있었던 이들이라면 이 책을 꼭 읽어보길 추천합니다. 또 과학을 좋아하는 친구 혹은 가족을 이해하고 싶은 이들에게도 이 책이 필요할 듯합니다.

과학자라고 해서 세상에 관심이 없는 것이 아닙니다. 그저 화학을 바탕으로 세상을 바라볼 뿐이죠. 규칙을 잘 지키며, 공유와 결합을 하고, 헤어지고 만나고를 반복하며 둥글게 살아가는 화학의 세계 말이죠.

한 줄 꿀팁

이 책을 읽어보며 화학자의 이론 한 스푼과, 여러분의 일상 속에 이런 이론을 붙여도 될 법한 일이 없었는지 생각해보는 시간을 가지길 바랍니다.

주기율표에 얽힌 광기와 사랑,
그리고 세계사

사라진 스푼

샘 킨 저 · 이충호 역 · 해나무 · 2011

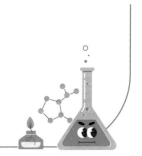

주기율표를 둘러싼 역사 이야기

화학자들은 눈에 보이지 않는 작은 분자로 구성된 세계를 관찰합니다. 그리고 이 세계를 이해하기 위해서 특별한 재료가 필요합니다. 바로 주기율표입니다. 영어를 배우기 위해 알파벳을 배우고, 한국어를 배우기 위해 한글이 필요하듯 말입니다. 그래서인지 화학서적 중에는 주기율표에 관련된 책들이 많습니다. 화학을 이해하기 위해 반드시 필요한 개념이기 때문입니다.

2011년, 주기율표 속 원소들에 얽힌 과학적, 역사적, 문학적 이야기를 풀어낸 책이 국내에 번역 출판되었습니다. 이번에 소개할 책인 샘 킨Sam Kean의 《사라진 스푼》입니다. 이 책은 대중 과학서 중에서 꽤 유명한 책에 속하는데요. 무엇이 특별한지 숨겨진 배경을 한번 살펴보겠습니다.

샘 킨은 과학이 가진 인간적인 모습을 그려내는 베스트셀러 작가입니다. 그는 미국 미네소타대학교에서 물리학을 전공하다, 영문학을 전공하며 과학 스토리텔링에 눈을 뜨게 됩니다. 이후 미국 가톨릭대학교에서 도서관학으로 석사학위를 받았고, 자신의 전공을 한껏 살려 현재 전 세계에서 각종 수상을 받은 과학 커뮤니케이터로 활동하고 있습니다. 저자의 이력이 정말 어마어마하지 않나요?

《사라진 스푼》은 앞서 말한 것처럼 주기율표에 대한 이야기입니다. 그런데 다른 주기율표 책과는 다른 점이 있는데요. 바로 주기율표를 주제로 한 역사 이야기라는 점입니다. 책의 저자는 주기율표 원소와 관련된 다양한 지식들을 풀어냅니다. 주기율표에 있는 원소 모두를 설명하는 것이 아니라, 과학사의 한 획을 그은 발견이나, 혹은 이 원소를 탐하는 국가간 이권다툼이 어떻게 진행되었는지, 또 원소를 발견 혹은 연구한 과학자들의 소소한 에피소드를 설명하고 있습니다.

주기율표 속 원소를 소개하고 원소가 적용된 과학기술을 설명하는 책은 많지만, 원소와 관련된 다양한 상황을 소개하는 책이 드물다 보니 이 책이 더 주목을 받았을 것이라 생각됩니다. 물론 역사도 재밌지만, 역사적 사실 하나를 기반으로 전해지는 주변 이야기가 더 재밌는 법 아니겠습니까? 함께 책 내용을 살펴보겠습니다.

손대면 주르륵 흐르는 물질

왜 이 책의 제목은 '사라진 스푼'일까요? 당연히 특별한 이유가 있습니다. 주기율표의 13족 4주기에 있는 갈륨이라는 원소가 있습니다. 원자번호는 31번, 원소기호로는 Ga라고 표기합니다. 이 갈륨은 독특한 은색의 고체로 알려져 있는데, 특이하게도 실온인 29~30℃에서 녹는 특징을 가지고 있습니다. 많은 금속 원소가 상온에서 고체인 반면, 갈륨은 상온에서 오히려 액체가 되는 현상을 가지고 있는 셈입니다. 그러한 이유로 이 금속은 손으로 잡을 수가 없습니다. 인간의 체온에서 물렁하게 녹아버리기 때문입니다.

책에서는 과거 화학자들이 장난을 치고 싶을 때 갈륨을 사용

액체가 되어 녹는 갈륨

했다고 설명합니다. 그들은 갈륨의 색이 알루미늄과 유사하다는 점에 착안하여 은색의 티스푼을 만듭니다. 그러고는 손님이 오면 이 티스푼을 뜨거운 차와 함께 가져다준 뒤, 손님이 티스푼을 차에 넣었다가 스푼이 사라지는 모습을 보고 깜짝 놀라게 해주는 장난인데, 이 장난에서 착안해 '사라진 스푼'이라는 제목이 탄생한 것입니다.

자, 여러분은 지금 이렇게 흥미로운 사실을 새로 알게 되었습니다. 당장 눈앞에서 사라지는 금속을 보고 싶지만, 실제 원소를 구매해서 실험을 하기는 쉽지 않을 것입니다. 그렇다면 원소들의 모습을 어떻게 관찰하면 좋을까요? 이럴 때 저는 유튜브와 같은 동영상 채널을 적극 활용하길 권합니다. 학습교육용 동영상을 찾아보면 학교 실험용으로 갈륨 숟가락이 물에 녹는 장면을 촬영한 것을 쉽게 찾을 수 있습니다. 실제로 영상을 살펴보며, 책에서 설명한 내용이 그대로 나오는지 비교해보는 것도 재밌는 활동이 될 수 있을 것입니다.

이 책 활용법

과학 관련 책의 특징이긴 합니다만, 해당 전공자가 아닌 이에게 낯선 용어가 참 많이 나옵니다. 이렇게 낯선 용어, 설명을 읽다 보면 결국 어렵다고 느껴져 책을 덮을 수도 있습니다. 이럴 때를 대비하여 책에서 활용할 만한 것이 있습니다. 바로 작가 노트, 참고문헌, 찾아보기 페이지입니다.

먼저 작가 노트를 함께 살펴보겠습니다. 책을 보다 보면, 좀 더 자세한 설명이 있으면 좋겠다는 생각이 드는 구절이 있을 겁니다. 예를 들면 '철 이후 단계의 핵융합'이라는 표현이 있다고 합시다. 더 자세한 내용이 궁금했는데 마침 작가 노트에 뒷이야기가 적혀 있습니다. 작가 노트에 따르면, 엄밀하게 철은 핵융합 반응을 거쳐 직접 만들어지지는 않는다고 합니다. 처음에는 14번 원소인 규소 원자 2개가 융합하여 28번 원소인 니켈이 만들어집니다. 그렇지만 이 니켈은 불안정하여 대부분 몇 달 안에 붕괴하여 철을 만들게 되는 것입니다. 이렇게 노트를 살펴보며 자세한 내용도 배울 수 있고, 작가의 글을 자세히 이해할 수 있을 것입니다.

그렇다면 책을 보고 난 뒤 특정 원소에 대해 찾아보고 싶을 때에는 어떻게 해야 할까요? 이럴 때 '찾아보기'를 사용하면 됩니다. 실제 전공서적을 볼 때, 특정 내용에 대해 찾고 싶으면 찾아보기 페이지를 활용하곤 합니다. 예를 들어, 원소 중 바나듐에 대해 다시 읽어보고 싶다고 가정해봅시다. 찾아보기에서 바나듐을 찾아보면, 바나듐과 관련된 쪽이 나옵니다. 그곳에서 찾던 정보를 다시 읽습니다.

책을 보고 난 뒤, 모든 내용을 기억하기는 어렵습니다. 저도 마찬가지입니다. 그래서 저는 찾아보기를 자주 이용하는 편입니다. 내가 찾고자 하는 키워드가 어느 쪽에 있는지를 확인하고, 그 부분을 다시 읽어보며 내용을 복기하는 것입니다.

그럼에도 책이 좀 더 어렵다고 느껴진다면, 동일한 작가가 쓴 《청소년을 위한 사라진 스푼》을 먼저 읽는 것도 좋은 방법입니다. 간혹 유명한 베스트셀러 책들은 오리지널 버전과 어린이 혹은 청소년과 같이 특정 연령을 타깃으로 한 동일한 제목의 책이 있습니다.

책을 보는 방법은 생각보다 다양합니다. 그중 자신에게 맞는 것을 잘 활용해서 주기율표 관련 도서를 완독해보길 바랍니다. 세상은 원소로 구성되어 있고, 과학교양서에서 주기율표란, 반드시 알고 넘어가야 하는 첫 단계이기 때문입니다. 피할 수 없으니 일단 즐겨야 하지 않을까요?

🐝 한줄꿀팁

'사라진 스푼'을 유튜브 검색창에 쳐 보세요. 그리고 관련 영상을 세 개 정도 시청하세요. 책에 대한 흥미가 올라갈 것입니다.

PART 4

모든 것은
화학으로부터
시작해

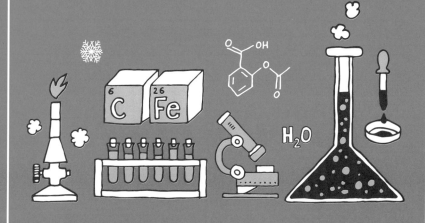

19

예일대 최고의 과학 강의를 만나다

모든 것의 기원

데이비드 버코비치 저 · 박병철 역 · 책세상 · 2023

🔬 방구석에서 떠나는 138억 년의 우주여행

모든 과학의 기원은 어디일까요? 한 권으로 과학의 기원을 파악할 수 있다면 믿어지나요?

이번에 소개하는 책은 데이비드 버코비츠David Bercovici가 집필한 《모든 것의 기원》입니다. 책의 저자인 버코비츠는 예일대학교 지구물리학과 교수입니다. 저자의 주요 연구 분야는 행성물리학인데, 판구조론과 지구의 내부 및 화산의 원리를 연구한다고 합니다. 지구 내부를 연구하는 연구자가 지구의 기원에 대하여 소개하는 책이라, 이 책은 지구의 탄생으로부터 시작된 과학의 역사를 하나의 강연처럼 풀어내고 있습니다. 한 권의 책으로 떠나는 138억 년의 우주여행이라 생각하고 첫 장을 펼치면 됩니다.

이 책은 우주 탄생부터 지구의 탄생을 이야기하고 있습니다. 즉, 너무 광범위한 주제를 다룬 과학책이라 호불호가 분명할 수 있습니다. 누군가에게는 어렵고, 누군가에게는 따분하고, 누군가에게는 재밌을 수도 있습니다. 독자들마다 이 책에 대한 서로 다른 생각을 가질 수밖에 없는 이유는, 이 책이 예일 대학교 학부생들을 대상으로 한 과학 교양 강의 내용 전체를 엮은 것이기 때문입니다. 만약 이 책을 한 권 다 읽는다면 마치 예일대학교 최고의 화학 강의를 수강한 것이나 마찬가지입니다. 게다가 중간고사, 기말고사도 없으니 이보다 더 좋을 수는 없겠죠?

그나저나 왜 화학자인 제가 이 책을 추천하는 것일까요? 그 이유는 이 책에 나온 우주에 대한 이야기가 화학에서도 매우 중요하기 때문입니다. 그럼 지금부터 화학의 입장에서 이 책을 함께 살펴볼까요?

우주의 탄생은 곧 화학의 탄생

화학은 우주 탄생에서부터 시작합니다. 우주는 빅뱅으로 탄생한 이후 거의 140억 년 동안 꾸준히 팽창하여 오늘에 이르렀다고 합니다. 빅뱅 이후, 우주에는 대체 무슨 일이 있었을까요? 빅뱅 직후의 우주는 초고온, 초고밀도의 작은 공이었습니다. 그리고 이 공이 급속한 팽창과 함께 온도가 낮아지면서 다양한 상태의 물질과 에너지가 만들어졌고, 원래 하나였던 힘은 네 종류로 분리되었습니다. 바로 이 물질의 탄생이 화학의 시작에 해당합니다. 화학은 물질의 변화를 연구합니다. 정확하게는 물질이 왜 변하는지, 그리고 이 과정에서 에너지가 어떻게 변화하는지를 총망라해서 연구합니다. 그러니 빅뱅으로 물질이 탄생하지 않았다면 화학 역시 탄생할 수 없었을 것이니, 화학에서 우주 탄생은 너무나도 중요할 수밖에 없는 것이죠.

최초의 물질은 쿼크quark라고 부르는 소립자였습니다. 이 쿼크는 양성자와 중성자를 구성하고, 양성자와 중성자는 원자핵을 구성합니다. 이 입자들 이 외에 엄청난 양의 에너지는 질량이 매우 작은 렙톤lepton과 질량이 없는 광자의 형태로 등장했습니다. 그리고 렙톤은 전자와 뉴트리노neutrino(중성미자)를 포함합니다. 전자는 화학에서 중요합니다. 전자는 원자핵 주변에 존재하고, 음전하를 가지고 있습니다. 원자핵이 양성자를 가지고 있다 보니, 화학에서 원자핵과 전자는 서로 균형을 이루며 중성을 만들어 세상을 지탱합니다. 물리학에서는 여기서 좀더 진도를 나가는데, 가령 책에서는 이 내용에 이어 입자와 반입자를 설명합니다. 모든 입자는 자신과 질량이 같고 전하의 부호가 반대인 파트너를 갖고 있고 이를 반입자라 합니다.

물질과 반물질은 서로 만나면 충돌에 의해 복사에너지를 방출하며 순식간에 소멸되는데, 다행히도 우주 탄생 후 물질과 반물질을 비교할 때, 물질이 좀더 많았던 탓으로 모두가 소멸해버리지 않고, 별과 은하, 행성 등 다양한 천체들이 남을 수 있었습니다.

사실 초기 화학과 물리학은 구별을 하기 어려웠다고 합니다. 그래서 물리학자가 화학자이고 화학자가 물리학자인 세상이 꽤 오랫동안 지속되었습니다. 대표적인 화학자 마리 퀴리가 노벨 화학상도 수상했지만 노벨 물리학상도 수상했던 것을 생각하면 그 경계가 모호하다는 말이 무슨 의미인지 이해할 수 있을 것입니다.

그렇다면 빅뱅 탄생 이후, 화학에서 중요한 사건은 무엇이었을까요? 아마도 원소의 탄생일 것입니다. 우주 최초의 기체구름은 수소와 헬륨이었습니다. 그리고 이 수소와 헬륨이 빠르게 충돌하기 시작하면서 원소가 생겼을 것이라 추정하고 있습니다.

책에서는 이 핵융합 과정을 굉장히 자세히 설명하는데, 쉽게 생각하면 수소 두 개가 충돌해서 중수소, 중수소에 수소가 충돌하면 삼중수소, 그리고 삼중수소에 수소 하나가 더 충돌하면 양성자 두 개와 중성자 두 개를 가지는 헬륨이 만들어졌을 것으로 보고 있습니다. 이러한 사실은 실제 태양에서 발생하는 핵융합 과정이라고 생각하면 됩니다.

그럼, 대체 지구와 같은 행성을 구성하는 원소는 어떻게 만들어졌을까요? 책에 따르면, 태양은 핵융합이 진행되며 일부가 에너지로 변환된다고 합니다. 그리고 이 때문에 수소-헬륨 구름이 잠시 수축을 멈추고 약 1000만℃의 온도를 유지하게 되고, 이 상태에 도달한 구름을 우리가 별이라고 부른다 합니다.

우리가 알고 있는 행성은 태양보다 질량이 15배 이상 큰 별이며 그래서 중심 온도가 1500만℃에 도달해도 멈추지 않고 지속적으로 수축하며 핵을 충돌시켜 무거운 원소를 생성합니다. 이때 온도가 1억℃에 이르면 헬륨은 탄소와 산소를 만들어내는데, 곧이어 핵융합 과정이 알파 입자의 융합을 통해 형성됩니다. 이 알파 입자 융합이 지속적으로 반복되면 결국 철을 생성하게 되고, 이런 방식으로 무거운 원소가 별의 안쪽에 깊숙이 자리 잡는 구조를 만들어낸다고 설명합니다. 그리고 별이 만들 수 있는 원소는 철이 마지막입니다.

함께 책의 초반을 살펴보니 처음 지루할 것 같았다는 생각이 없어지지 않나요? 용어가 좀 어려울 뿐, 별의 탄생에 대해 여러분의 상상력을 동원해서 생각해본다면, 초반 내용이 크게 어렵지는 않을 것입니다. 다만, 앞서 이야기한 것처럼 책의 표현이 낯설 수 있으니, 되도록 천천히 끊어 보는 것이 편할 겁니다.

✎ 꼬리에 꼬리를 무는 우주 이야기

한 학기 강의를 그대로 담아 낸 이 책, 대체 어떻게 보면 좀더 재밌게 볼 수 있을까요? 저는 강의를 듣는다고 생각하고 책을 보는 것을 추천하고 싶습니다. 무슨 말인지 잘 모르겠다면, 지금부터 제가 읽는 방식을 잘 따라 해보세요.

먼저 한 학기 강의 분량이 책 한 권에 요약되어 있다는 점을 염두에 두고, 목차를 먼저 살펴보겠습니다. 마치 대학에서 수강 신청 후, 강의계획서를 보는 것과 같습니다.

책의 목차는 서문부터 시작해서 우주와 은하, 별과 원소, 태양계와 행성, 지구의 대륙과 내부, 바다와 대기, 기후와 서식 가

《모든 것의 기원》의 목차

능성, 생명, 인류와 문명으로 구성되어 있습니다. 목차의 1장이, 한 주 수업이라고 생각하고 순서대로 읽어보세요. 읽으면서 메모를 달아도 좋고, 저는 플래그를 좋아해서 표식을 많이 다는 편입니다.

책을 보다 보면 저자가 반복해서 설명하는 구절이 존재합니다. 특히 1장에서는 빅뱅, 2장에서는 핵융합, 3장에서는 케플러 궤도 등에 시간을 할애합니다.

이 내용들은 과학을 전공하는 사람들에게는 상당히 재미있을 부분일 것입니다. 그러나 모르는 사람에겐 꽤 지루하기 때문에, 도전해볼 만하다 싶으면 정독을 하고 그렇지 않으면 가볍게 읽기를 추천합니다.

그럼 정독을 하고자 할 때는 어떻게 해야 할까요? 책의 괄호

부분에 주목하길 바랍니다. 책에는 저자의 한마디에 해당하는 괄호가 꽤 많습니다. 강의로 치면 교수님의 조금 과한 첨언에 해당할지 모르겠습니다만, 일단 이 괄호가 앞의 내용을 한 번 더 정리하는데 도움을 줍니다.

가령 4장에서는 아래와 같이 지구의 내부구조에서 일어나는 신기한 현상을 설명하고 있습니다.

> 지구는 강한 자기장을 갖고 있는 유일한 행성이다. (수성의 자기장도 지구 못지않게 강한 것으로 알려져 있지만 아직은 논란의 여지가 있다.)

이렇게 저자는 자신의 주장을 보완하기 위해 많은 부연 설명을 하고 있습니다. 이를 통해 저자의 진짜 생각을 엿볼 수 있는 것이죠.

이 책 활용법

이 책은 강의를 기반으로 하고 있어 반복되는 내용이 많습니다. 학습자 입장에서는 지루하게 느껴지지만 교수자들은 그만큼 중요한 내용이기에 여러 번 반복해서 말하는 것입니다.

또한 책에서는 물질이 모여 우주가 형성되고, 이 우주에서 지구가 생기고, 지구가 생기면서 생명이 탄생하는 이야기를 연속적으로 이어갑니다. 이런 흐름을 따라가며 무엇이 시작점이고, 어떻게 확장되는지 따라가 보는 것도 좋습니다. 이때 각자 기억하기 쉬운 그림을 그려놓는다면 책을 더 쉽게 파악할 수 있을 거예요.

 한줄꿀팁

책이 어렵게 느껴지면 시간을 두고 한 챕터씩 도장 깨기 하듯 읽어보는 방법도 좋습니다. 부담스럽지 않게 책을 볼 수 있는 방법을 터득해봅시다.

20

READING LEVEL | **고급-기초 ★★★**

한 편의 영화 같은 어느 연구개발 이야기
공기의 연금술

토머스 헤이거 저 · 홍경탁 역 · 반니 · 2015

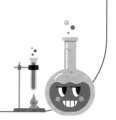

🔬 모든 과학의 발견에는 양면의 날이 있다

여러분은 R&D라는 말을 알고 있나요? '연구 Research + 개발 Development'을 뜻하는 이 단어는 연구를 발전시킨다는 의미를 담고 있습니다. 과학자들은 늘 연구개발을 하고 있습니다. 과학적 근거를 가진 가설을 설계하고 이를 입증하는 일이죠.

그렇다면 이 연구개발은 현장에서 어떻게 사용될까요? 모든 연구가 현장에 적용되는 것은 아닙니다만, 반드시 현장에 필요한 연구는 상용화 연구를 별도로 진행해서 적용하게 됩니다. 이 과정이 워낙 쉽지 않기 때문에, 많은 연구개발은 상용화에 실패하는 경우가 많습니다.

이번에 소개할 책은, 그 어렵다는 상용화에 성공한 어느 연구개발에 대한 이야기입니다.

유명한 과학 커뮤니케이터인 토마스 헤이거가 쓴 이 책은 공기 중 질소를 암모니아로 변환시켜 비료를 만드는 역사상 가장 위대한 발견을 한 과학자인 프리츠 하버 Fritz Haber와 카를 보슈 Carl Bosch의 이야기를 제삼자의 시선에서 풀어내고 있습니다.

1898년 가을, 영국 과학아카데미 신임 원장인 윌리엄 크룩스 경은 취임 연설에서 무서운 예언을 하나 합니다. "영국을 비롯한 모든 문명국들은 끔찍한 위기에 처해 있다." 그리고 이에 대한 근거로 "인구가 급속히 늘고, 식량 공급이 줄어들고 있다." 는 것을 제시했습니다. 따라서 1930년대쯤에는 대규모 기아 사태가 발생할 것이고, 이를 막기 위해서는 비료를 대량 생산해야 한다고 주장했습니다. 물론 결국 화학이 인류를 구원할 것이라는 예측도 놓치지 않았죠.

그렇다면 당시에는 비료가 없었을까요? 책에서는 글로벌 메가 히트가 된 비료 하나를 소개하고 있습니다. 바로 페루에서 만들어지는 구아노였습니다. 페루에서는 농사를 짓기 위해 강우량이 적은 건조지대에 새들의 배설물이 퇴적, 응고되어 화석화된 구아노라는 물질을 사용했습니다.

독일의 지리학자인 알렉산더 폰 홈볼트Alexander von Humboldt에 의해 유럽에 수입된 이 물질은 당시에는 관심을 받지 못했지만, 독일의 화학자인 유스트스 폰 리비히 Justus von Liebig가 이 안에 질소가 농축되어 있어서 식물에 중요한 비료로 사용할 수 있다고 발표하면서 히트 상품이 되었다고 합니다.

문제는 이 물질이 페루에서만 난다는 점이었습니다. 독점은 문제가 늘 발생하기 마련이니까요. 특히 구아노에서 뽑아낸 질소로 화약도 만들 수 있다는 것이 알려지면서, 미국과 영국의 식민지 싸움이 가속화되기도 했습니다. 두 열강이 앞다투어 태평양과 대서양에 산재한 무인도를 자국의 영토로 편입시키기 위해 노력했기 때문입니다.

이러한 상황 속에, 애국심이 가득한 한 독일 과학자는 인공적으로 구아노 같은 물질을 만들기 위한 연구를 수행합니다. 바로 이 책의 주인공인 프리츠 하버입니다. 하버는 당시 발표된 질소산화물 중 하나인 암모니아를 사용하면 구아노처럼 비료 혹은 화약의 재료로 사용할 수 있으리라 생각했고, 이를 개발하기 위해 연구에 매진했습니다.

그리고 실험실에서 암모니아를 합성할 수 있는 기계를 개발

했고, 이를 바스프BASF(독일의 화학회사)에서 구매하면서 공동연구를 진행하게 되었습니다. 이 공동연구를 담당한 또 다른 화학자가 바로 보슈입니다. 화학의 한 역사를 썼다고 일컬어지는 '하버-보슈 암모니아 합성법'은 이렇게 탄생했습니다. 하버가 바스프에 보낸 연구제안이 받아들여지며, 하버는 실험실에서 이론을 실증할 수 있었고, 이 실증은 검증을 통해 사업화에 성공하면서 보슈가 마무리를 지었던 것입니다.

이 책은 이 과정을 상세하게 풀어내고 있는데요. 다양한 과학자들의 증언과 기록을 바탕으로 그들이 어떤 성향을 가진 과학자들이었는지, 어떻게 많은 연구자가 협력해왔는지, 또 그들의 행보는 어떻게 변해갔는지를 담고 있습니다. 내용 자체가 논픽션 영화를 보는 것처럼 빠르게 전개되어 지루하지 않게 읽을 수 있습니다.

이후 이 기술은 질소 비료를 대량생산할 수 있었기에 공기에서 빵을 만들어낸다고 일컬어지는 화학연구의 대명사가 될 수 있었습니다. 다만, 안타깝게도 두 차례의 세계대전이 이어지며 이 암모니아 제조법 덕분에 독가스가 탄생하기도 했고, 화약의 대량생산에도 일조하게 되었습니다. 하버는 이 기술로 노벨상을 탔으나, 많은 인명을 살상하게 한 무기를 만들었다는 불명예를 가진 과학자로 영원히 기억되었습니다.

암모니아 개발 기술 하나가, 과학자의 인생에 오점이 되기도 또 명예가 되기도 한다는 사실이 여러분은 어떻게 느껴지나요? 과학의 양면성을 보는 것 같지 않나요? 책을 읽고 직접 그들의 연구를 평가해보면 여러분만의 새로운 시각을 얻을 수 있을 것입니다.

보슈-하버 암모니아 생성 공정

어떻게 하면 책을 좀더 재미있게 볼 수 있을까요? 책에 나온 공정법을 직접 찾아보는 것을 추천합니다.

사실 하버와 보슈가 개발한 실험법은, 굉장히 간단해 보이는 화학식으로 설명할 수 있습니다. 그러나 이 반응은 화학식만큼 간단하지 않았습니다. 질소 자체가 워낙 안정한 물질이기 때문에 강력한 외부의 힘이 필요했고, 그것도 모자라 촉매도 필요한 반응이었습니다. 이 반응은 촉매를 사용하며 약 200기압, 400~500°C의 높은 반응에서 암모니아 기체를 만듭니다. 이

$$N_2 + 3H_2 \rightarrow 2NH_3 \quad \Delta H_{\circ} = -91.8kJ/mol$$

하버-보슈 암모니아 합성 화학식

렇게 생성된 암모니아는 질산과 혼합해서 질산암모늄을, 그리고 황산과 혼합해서 황산암모늄을 만들 수 있고, 이것을 활용하면 비료 혹은 화약을 제조할 수 있게 되는 것입니다.

그렇다면 대체 200기압, 400~500°C의 높은 온도를 견디며 기체를 만드는 실험은 어떻게 해야 할까요? 안정적으로 암모니아 기체를 만들 수 있었을까요? 특히 암모니아는 부식성, 맹독성 기체이기 때문에 이를 생산하기 위해서는 많은 장치가 필요했을 것입니다. '보슈 – 하버 암모니아 생성 공정'이라는 키워드를 검색해보면, 그 생산 장치를 볼 수 있습니다.

암모니아와 같은 기체를 생성하기 위해서는 압력을 잘 견딜 수 있는 반응용기와 관이 필요합니다. 그 관이 한쪽 방향으로 흐르면서 화학반응이 진행되고, 불순물이 걸러지는 반응이 진행되는 것입니다. 이런 실험법을 화학공정 실험법이라 부르고, 이 연구만 전문적으로 하는 연구자가 있습니다. 그들은 실험실에서 비커를 사용해서 수행한 실험을 다음 그림처럼 커다랗게 생산화할 수 있도록 연구합니다. 규모가 엄청나게 커지기 때문에, 이런 연구는 성공 확률이 꽤 낮습니다. 압력을 견디는 부품을 만드는 것부터 시작하기 때문이죠.

그럼에도 보슈는 하버의 실험실에서 만든 작은 규모의 실험을 대규모로 확장하여 사업화까지 성공한 것입니다. 그래서 이

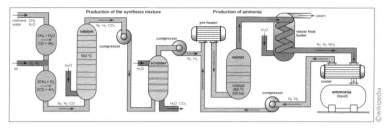

암모니아 생성 공정

업적을 기려 하버는 1918년, 보슈는 1931년 노벨 화학상을 수
상했습니다.

⚛ 과학기술의 명암

독일의 위대한 화학자였던 하버와 보슈는 암모니아를 생산하
는 연구를 성공하며, 독일을 세계 제일의 화학 국가로 만들었
습니다. 그리고 그 덕에 나치는 그들의 기술을 활용하여 승승
장구할 수 있었습니다.

그런데 안타깝게도 하버는 유대계 독일인으로 태어나 독일
인으로 살기 위해 노력했으나 결국 나치 독일에서 버림받았습
니다. 후임자였던 보슈는 자신의 유대인 팀원을 지키기 위해
노력했지만 역시 쉽지 않았다고 책에서 저술하고 있습니다.

이 책에는 그 당시 하버와 보슈가 처한 시대 상황과 그들의 이야기를 최대한 많이 담고 있습니다. 단편적으로 이들의 연구가 독가스와 전쟁무기로 사용되었으니 잘못되었다고 하기에는 많은 인간적인 고뇌가 함께 담겨 있습니다.

만약 여러분이라면 이 상황에 어떻게 대처했을까요? 과학기술은 늘 명암을 가지고 있습니다. 독이 약이 되는 것처럼, 기술은 인류의 기근을 막는 데 도움을 준 것이 분명하나, 사람을 죽이는 데 영향을 미친 것도 사실입니다. 그들은 어두운 면을 정말 보지 못했던 것일까요? 지금까지 이 질문은 계속됩니다. 정답은 없습니다. 여러분도 나름대로 이에 대한 답을 생각해보는 것은 어떨까요?

 한줄꿀팁

하버와 보슈의 이야기를 읽어보고, 여러분이 그들이라면 어떤 결정을 했을지 생각해보세요. 과학자의 윤리적 연구에 대해 고민해보는 겁니다.

만물의 모든 것은 산소로부터 왔다

산소

: 세상을 만든 분자

닉 레인 저 · 양은주 역 · 뿌리와이파리 · 2016

🔬 인간이 생존하기 위해 반드시 필요한 것

인간이 생존하기 위해 반드시 필요한 것 하나를 꼽으라고 한다면 무엇일까요? 저는 산소라고 생각합니다. 인간은 호흡을 합니다. 그리고 그 호흡을 하기 위해 반드시 산소가 필요합니다. 이번에 소개할 책은 바로 이 '산소'를 주인공으로 하고 있습니다.

《산소》는 원제 'Oxygen'으로 과학을 좋아하는 사람들은 꼭 읽어야 할 고전입니다. 책의 저자인 닉 레인Nick Lane은 생화학자로 유니버시티칼리지 런던의 진화생화학 교수로 재직하며 주로 생명의 기원과 미토콘드리아의 역할에 관한 연구를 했습니다. 그는 생명의 기원과 진화, 그리고 이를 가능하게 하는 생화학 과정에 대한 연구를 바탕으로 여러 저서를 발표했는데요. 이 중《생명의 도약》이란 책은 2010년 왕립학회 과학도서상을 수상했고,《바이털 퀘스천》은 빌 게이츠가 추천한 책으로 유명해졌습니다. 특히 2016년 패러데이 상을 수상하며, 대중에게 과학을 전달하는 탁월한 능력을 인정받기도 했습니다.

이런 능력을 보유한 덕에 이 책은 생화학자의 입장에서 지구상 산소가 존재하면서 나타난 과학적 사실들을 쉽게 서술하고 있습니다. 저자는 책에서 산소가 생명의 진화와 노화, 그리고 죽음에 어떤 영향을 미치는지를 설명하고 있습니다. 저자는 이 책에서 아마도 산소가 없었다면 지구상의 생물은 단세포에서 멈추고 진화할 수 없었을 것이며, 지금의 생태계도 존재할 수 없었을 것이라 강조합니다.

생명현상에서 산소의 역할

화학은 눈에 보이지 않는 분자를 다룹니다. 이러한 분자의 화학적 성질을 연구하는 것이 바로 화학자가 하는 일인데요. 저와 같은 유기화학자들은 탄소를 기반으로 하는 화합물이 어떻게 변화하는지, 그 변화 속 수반되는 다양한 에너지를 관찰합니다.

그렇다면 생화학에서는 어떻게 화학을 관찰할까요? 생화학에서는 생명현상을 일으키는 다양한 현상들을 분자의 개념에서 바라봅니다. 그래서 분자들이 어떻게 화학현상을 일으키는지, 그를 통해 어떤 변화를 초래하는지를 관찰하는 학문입니다.

이 맥락에서 책을 살펴보겠습니다. 이 책에서 언급하는 생명현상에 관여하는 화학분자는 바로 '산소'입니다. 그래서 산소의 생화학적, 진화적 역할에 대해서 자세히 다루며 궁극적으로 산소가 지구의 생명체 성장에 어떻게 관여하는지, 또 어떻게 제한하는지를 설명합니다.

우선 이 책은 두께가 좀 있습니다. 그래서 책을 읽기 전 목차를 먼저 보고, 대략적인 내용을 예상한 뒤 본격적으로 읽는 것을 추천합니다.

다음의 목차를 함께 살펴볼까요? 주제는 크게 산소를 중심으로 총 여섯 개의 시대 흐름을 따라 전개되고 있습니다. 초기 지구에서의 산소, 산소의 탄생을 통해 발생된 진화, 산소가 생

《산소》의 목차

명체의 독성과 생명 유지에 영향을 미치는 점, 산소와 멸종, 인간의 건강, 그리고 미래의 산소와 지구환경에 대한 이야기입니다. 산소라는 키워드 하나로 지구의 탄생부터 미래까지 아우르는 내용을 담고 있는 것입니다.

이 책은 청소년을 위한 책이라고 보기에는 내용이 좀 심오합니다. 그러한 이유로, 이공계 진학을 앞두고 있는 학생이거나 혹은 대학에서 자연과학을 전공하고 있는 이들에게 이 책을 더 추천합니다.

⚛ 비타민C 섭취는 수명을 연장시킬까

《산소》의 주제들은 생활 속에 우리가 한 번쯤 다큐멘터리나 건강기능식품 등의 광고에서 보았을 법한 키워드로 구성되어 있습니다. 가령 9장 '패러독스의 초상'에서는 항산화제의 여러 측면과 비타민C에 대한 내용을 다루고 있는데, 이에 대한 대중의 오해들을 언급하며 이야기를 풀어나갑니다.

하루에 사과 한 개가 건강에 좋다는 속설은 누구나 들어보았을 것입니다. 왜 건강에 좋은 것일까요? 꼭 사과가 아니더라도 과일과 채소를 먹는 식습관은 건강유지에 도움이 된다고 알려져 있습니다. 대규모 역학조사에서는 채소와 과일 섭취를 하루에 다섯 번으로 늘리면 심장마비나 뇌졸중에 걸릴 위험이 15퍼센트, 암에 걸릴 위험은 20퍼센트나 줄어든다고 합니다. 왜 그런 것일까요? 저자는 많은 이가 이 질문에 대한 답으로 '비타민C와 항산화제' 정도로만 이야기한다고 설명합니다. 그렇다면 비타민C는 우리 몸에서 어떤 역할을 하는 것일까요?

저자는 2001년 영국 케임브리지대학교의 케이티콰우연구팀의 연구를 설명합니다. 해당 연구에서는 혈장 내의 비타민C 농도가 낮은 사람들의 사망률이 높았고, 반대로 혈장에 비타민C가 많은 사람들은 연구 기간 동안 사망하는 경우가 적었다는 결과가 나왔습니다. 이 연구는 사실이 맞을까요?

해당 연구를 찾아보면, 언론에서 크게 보도하며 비타민C가 수명을 연장한다고 발표한 내용을 접할 수 있을 것입니다. 이 언론 보도는 현재도 비타민C가 건강에 도움이 된다는 내용으로 다양한 마케팅에서 활용되고 있습니다.

저자는 이 언론 보도가 상당히 왜곡됐다고 지적합니다. 해당 연구가 혈장 내의 비타민C 농도와 사망률에 대한 연관 연구인 것은 맞지만, 여기서 확인한 비타민C는 외부에서 주입한 것이 아니라 참여자들이 과일, 영양제, 식품 등을 통해 섭취한 전체 비타민C의 농도를 말합니다. 그래서 비타민C가 반드시 수명에 영향을 준다고 볼 수 없는 것입니다.

또한 어떤 이들은 연구 결과를 해석할 때, 비타민C가 항산화 효과를 가지고 있기 때문에 수명 연장에 도움이 된다고도 합니다. 그렇다면 비타민C와 항산화는 대체 무슨 연관이 있는 것일까요?

노화 연구가인 톰 커크우드Tom Kirkwood는 비타민C가 생체 내 자유라디칼free radical을 만나 산화되면서 자유라디칼의 독성을

비타민C 구조

없앤다고 설명합니다. 저자는 이러한 비타민C에 대한 다양한 정보를 두고, 비타민C가 '편 가르기'당하고 있다고 지적합니다. 그리고 이 싸움의 시초로 라이너스 폴링을 꼽습니다.

위대한 화학자로 알려진 폴링은 말년에 비타민C가 만병통치약이라 칭하며 비타민C 고용량 요법에 집착했습니다. 물론 그의 비타민C 연구는 과학적 검증이 되지 못했고, 그 덕에 학계와 싸움이 붙어 폴링은 제약산업과 의학계가 고의적으로 질병을 만들어 약을 팔고 있다는 음모론을 주장했습니다. 반대편에 있는 이들은 폴링이 비타민C로 사기를 친다고 비난했고요. 이런 배경 덕에 현대 의약품에 대한 제약사의 음모론과, 비타민C 만병통치설은 아직도 여러 사람을 통해 전해 내려오고 있습니다.

🔬 이 책 활용법

저자는 실험을 둘러싼 배경 지식을 먼저 설명해주고, 이후 실제 비타민C가 어떻게 생화학 작용을 하는지, 해당 연구를 진행하며 과학자들이 어떤 점이 의문이 제기했는지, 이 문제를 해결하기 위해 어떤 제안을 했는지를 자세히 설명하고 있습니다. 이는 마치 독자들이 실제 연구자의 실험노트를 들여다보는 듯한 느낌을 받게 합니다. 평소 과학을 빙자한 유사과학을 감별하는 데 관심이 많았다면 분명 새로운 인사이트를 얻을 수 있을 것입니다.

🐝 한줄꿀팁

이 책은 한 호흡으로 멀리 여행을 가야 하는 날, 여유를 갖고 읽어보는 것을 추천합니다.

피터 앳킨스가 안내하는 주기율표 왕국 가이드북

원소의 왕국

피터 앳킨스 저 · 김동광 역 · 사이언스북스 · 2005

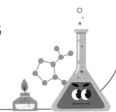

어서오세요, 주기율표 왕국으로

화학자들에게 원소 주기율표는 아주 중요합니다. 주기율표를 모르면 화합물의 화학식을 설명할 수 없고, 적을 수도 없고, 또 이들의 성질도 파악할 수 없으니 반드시 제대로 알아야 하는 관문입니다.

그래서 우리는 주기율표와 관련된 다양한 책을 만날 수밖에 없습니다. 저도 주기율표와 관련된 여러 서적을 여러분에게 소개하고 있으니, 이쯤이면 원소 주기율표를 빼고 화학을 논할 수 없다는 뜻 아닐까요.

물론 주기율표를 도구로 활용하기 때문에, 모든 책이 같은 내용을 말하지는 않습니다. 가령,《주기율표를 읽는 시간》은 주기율표를 기반으로 원소의 탄생부터 원소의 성질까지 설명하는 책이었습니다.《사라진 스푼》은 주기율표에 나오는 원소의 역사를 중점적으로 서술하고 있습니다. 주기율표를 기반으로 한 과학사라고 보는 편이 더 적절할 것입니다. 그렇다면 이번에 소개하는 책은 어떤 차이점을 가지고 있을까요?

《원소의 왕국》은 1995년 'The Periodic Kingdom'이라는 원제로 출간된 이후 전 세계에서 스테디셀러가 되어 지금까지 꾸준히 읽히고 있습니다. 이 책을 저술한 사람은 옥스퍼드대학교 물리화학 교수로 재직하고 있는 물리화학자, 피터 앳킨스입니다.

물리화학자인 그는 이 책에서 주기율표를 하나의 왕국에 비유하여 화학원소들의 특성과 배열을 국가를 소개하듯 풀어냅니다. 주기율표 속에는 다양한 규칙이 존재하는데, 그 규칙을 지도처럼 설명하는 방식을 택하고 독자를 데리고 주기율표 왕국을 여행하듯 하고 있습니다.

그럼 이제부터 책을 자세히 소개해보도록 하겠습니다. 책의

1부 '주기율 왕국의 지리학'에서는 주기율표를 정말 지도처럼 관찰합니다. 우리는 일상에서 지형도를 사용합니다. 지도를 작성하기 전 고도를 측정하고, 여러 색을 입히거나 모형을 만들어 실제 토지의 높낮이를 시각적으로 만들 수 있습니다. 이런 방식을 주기율표에서도 적용할 수 있습니다.

우리가 지형도를 보며 높낮이를 알듯 주기율표에서도 원자 반지름, 원자 질량 등을 특정 지표로 활용하면 이런 높낮이를 도표로 그릴 수 있습니다. 이런 방식으로 설명하면, 주기율표 지도의 북쪽에서 남쪽으로 갈수록 질량과 원자반지름은 지세가 상승하는 등의 특징을 한 번에 파악할 수 있겠죠.

이렇게 작가는 주기율표를 하나의 왕국으로 가정하고 원자 반지름, 질량 등의 배열은 지형으로, 족과 주기에서 나타나는 과학적 특징은 왕국의 행정적 절차에 비유하며 설명을 하고 있습니다. 이러한 과정을 통해 독자들은 대학교 기초화학 또는 화학2 정도에서 배워야 하는 기본적인 원자 개념을 자연스럽게 파악할 수 있게 됩니다.

주기율표는 화학의 처음과 끝

많은 친구들이 화학과에 진학한 뒤, 수업을 듣다가 기함을 하는 영역 한 곳이 있습니다. 바로 주기율표 부분입니다. 고등학교 혹은 대학교 1학년 기초화학을 배울 때 주기율표는 간단하게 소개하고 넘어가는데요. 그래서 외우기만 하면 되는구나 하는 생각에 방심하곤 합니다. 그러나 당시 잠깐 공부한 주기율표가 사실 화학을 이해하기 위해 가장 중요한 부분이고, 그 이후로 쭉 계속 반복돼서 등장합니다.

다시 한 번 말하지만 주기율표는 매번 반복됩니다. 다만 다른 영역에서 반복되는데, 그것은 분야마다 자주 사용하는 원소의 종류가 달라지기 때문입니다. 책에는 유기화학에서 사용되는 원소, 분석화학에서 자주 이용되는 금속들, 물리화학에서 이용되는 반도체와 연관된 준금속, 무기화학에서 이용되는 전이금속 등 각 원소들을 하나의 지형으로 묶어 그들의 성격과 특징 등을 교과서적으로 설명하고 있습니다.

그래서 화학 지식을 필요로 하지만, 어떻게 접근해야 하는지 모르는 친구들이라면 이 책을 꼭 읽어야 합니다. 이 책을 통해 다양한 용어들에 친숙해진 뒤 수업을 듣는다면 훨씬 쉽게 단어가 귀에 들리는 경험을 할 수 있을 것입니다.

🔬 이 책 활용법

이번엔 책 읽기를 좀더 확장해보겠습니다. 이 책을 통해 주기율표에 대한 개념을 정리했다면, 이후 비슷한 주제의 책들을 읽고 서로 비교해보는 활동을 추천합니다. 앞서 언급한 것과 같이, 주기율표를 주제로 한 책들을 함께 펼쳐보는 것입니다.

예를 들어 비슷한 시기에 출간된《사라진 스푼》과 이 책을 비교해보도록 합시다.《원소의 왕국》과《사라진 스푼》은 모두 주기율표와 화학원소를 중심으로 이야기가 서술됩니다. 다만 두 이야기가 분명 차이가 있는데, MBTI로 비교해보면《원소의 왕국》은 T에 가깝고,《사라진 스푼》은 F에 가깝지 않을까 싶습니다. 그도 그럴 것이 책의 저자가 가지고 있는 배경이 완전히 다르기 때문입니다.《원소의 왕국》은 옥스퍼드대학교 교수가 쓴 책입니다. 기본 시점이 과학 지식을 전달하는 데 더 초점이 맞추어져 있습니다.

반면,《사라진 스푼》은 과학 저술가가 주기율표라는 주제에 얽힌 역사적, 문화적, 인간적 다양한 스토리를 중심으로 이야기를 전개합니다. 그러니 좀더 감성 풍부한 이야기가 가득할 것입니다. 두 권의 책을 비교해보며 내용을 연관시킨다면 즐겁게 독서를 할 수 있을 것입니다.

이렇게 관점이 다른 책을 읽으면, 지루함을 덜 수 있다는 장점이 있습니다. 그래서 나의 취향이 F감성이라면 에피소드를 기반으로 하는 책을 읽고, 그 책의 보완 도서로《원소의 왕국》과 같이 T감성의 책을 읽어 과학적 사실을 좀 더 보충하면 됩니다.

사실 에피소드를 다룬 책이 기억하기에는 더 좋습니다. 다만 경험적으로 에피소드를 기억하고, 거기에 해당하는 과학적 사실을 잊어버리는 경우도 있어《원소의 왕국》처럼 개념을 설명하는 책을 함께 보완하며 읽어야 합니다.

실제로 대학 수업은 대부분 교과서를 기반으로 이루어집니다. 그리고 중간에 주제와 연관된 에피소드를 교수자가 이야기 해줌으로써 학습자의 흥미를 유발합니다. 이와 같이 각기 다른 성격의 책을 교차해서 읽으면 더욱 풍부한 독서가 될 수 있을 것입니다.

🐝 한 줄 꿀팁

우리 주변에는 다양한 시선을 담고 있는 책이 많습니다. 같은 주제이니 같은 내용일 것이라는 편견을 내려놓으면, 다양한 시선을 마주하게 될 것입니다.

논란이 가득한 화학 세상에서 내 기준을 찾는 법

우리는 어떻게 화학물질에 중독되는가

로랑 슈발리에 저 · 이주영 역 · 흐름출판 · 2017

화학만큼 논란 많은 분야는 없다

화학은 인류 탄생부터 함께 해왔습니다. 삶의 질을 향상시키기 위해 개발된 다양한 화학기술은 우리가 사는 세상에서 먹고, 입고, 사는 곳을 만드는 데 활용되었는데요. 이제는 다양한 일상 제품들 중 화학기술이 적용되지 않은 것을 찾기 어려울 정도입니다. 또 기술이 비약적으로 발전하는 과정에서 비양심적인 기업들로 인해, 여러 사회적 참사가 발생하기도 했습니다.

그런 이유로 케모포비아chemophobia라고 하는, 화학물질을 기피하는 현상이 생겨나기도 했습니다. 그렇다면 무작정 화학물질을 기피한다고 해서 이 모든 불안이 해결될 수 있을까요?

모두가 예상하듯, 불안은 쉽게 해결되기 어렵습니다. 화학자들이 아무리 안전하다고 해도 사람들은 두려운 감정이 앞섭니다. 이런 현상을 우리는 어떻게 바라봐야 할까요?

《우리는 어떻게 화학물질에 중독되는가》는 화학물질을 만드는 사람들이 아닌 사용하는 사람 입장에서 직면하는 당연한 염려와 걱정을 정리한 책입니다. 이 책은 2013년 프랑스에서 출간된 책으로 국내에는 2017년 소개되었으며, 케모포비아 시대를 맞이하여 의식주와 관련된 다양한 화학물질에 대한 정보를 제공하고 있습니다.

이 책의 저자인 로랑 슈발리에Laurent Chevallier는 영양학 전문의사로, 환경 의료의 권위자입니다. 약용식물요법 전문 과정을 강의하고 있는 역량을 기반으로 이 책을 저술하였으며 청소용품, 의류, 장난감, 가구, 먹거리 등 전 영역에서 노출될 수 있는 화학물질의 성분과 악영향에 대한 위험성을 경고하고 있습니다.

특히 화학물질들은 다른 물질과 결합하려는 특성이 있는데, 이때 독성이 생길 수 있습니다. 대표적인 예로 환경호르몬, 살

장님이 코끼리 만지기

ⓒwikipedia

충제, 식품첨가물이 있죠. 그럼에도 정부는 적극적으로 개입하지 않으며 방관하고 있습니다. 저자는 이에 대해 강하게 비판하며 정부가 책임 있게 안전 정보를 제공해야 한다고 주장합니다.

여러분은 어떻게 생각하나요? 작가의 주장대로 우리가 독성물질에 과도하게 노출되어 있다고 생각되나요? 정답은 없습니다. 어떤 것들은 사실 관계가 명확하기도 하지만 대부분의 사안들은 검증이 더 필요합니다. 그리고 전문가들은 각자 연구해온지식을 기반으로 사안들을 바라보기에 시각의 차이가 조금씩생깁니다. 마치 '장님이 코끼리 만지기' 같은 형국인 것이죠.

그렇다면 눈을 가린 채 코끼리인지, 아닌지를 파악하기 위해 무엇이 필요할까요? 바로 의견을 나누고 조합하는 과정입니다. 그래서 독서에서는 다양한 사람들의 생각을 읽고 사고를 넓히는 것이 아주 중요합니다. 제가 이 책을 추천하는 이유죠.

많은 교양과학 서적은 해당 기초과학을 전공한 전문가에 의해 쓰여집니다. 화학물질은 그 종류가 워낙 많아, 많은 과학 분야에서 다양한 물질을 다루게 됩니다. 그래서 각자 자신이 연구하는 물질은 어렵지 않지만, 그렇지 않은 경우에 물질의 특성에 따라 낯설고 위험한 물질이 될 수도 있습니다.

그래서 책에서는 화학물질을 크게 두려워하지 않아도 된다고 말한 전문가들의 입장과 달리, 화학물질은 충분히 위험할 수 있다는 사실을 이야기합니다. 과거와 달리 자주 화학물질에 노출되기에 인체에 미칠 독성을 무시할 수 없다는 점을 우려하며, 어떤 물질에 우리가 노출되고 있는지, 그래서 무엇을 염려해야 하는지를 알려주는 것이죠.

이 책 활용법

이 책을 재미있게 보기 위해서는 어떤 방법이 있을까요? 같은 주제, 다른 시선의 책을 찾아서 함께 보는 것을 추천합니다. 동일한 주제를 서로 다른 시선으로 보게 될 때, 더 많은 정보를 습득할 수 있기 때문입니다.

그래서 저는 앞으로 소개할 《위대하고 위험한 약 이야기》라는 책과 함께 보는 것을 추천합니다. 이 책은 독성학자가 쓴 약과 독에 대한 이야기입니다. 독성학자가 보는 독에 대한 시선과 영양의사가 보는 독에 대한 시선을 교차해 보면, 이 사이에는 서로 다른 이야기도 있고 공통점도 있습니다. 이런 교차점들을 찾아, 토론해본다면 의미 있는 시간을 만들 수 있을 것입니다.

아이를 키우며 간혹 듣는 이야기 중 '이과 머리'라는 이야기가 있습니다. 수학이나 과학처럼 답이 명확한 것을 좋아하는 경우 이공계에 진학하면 잘 맞을 것이란 예측에서 나온 말입니다.

물론 저는 크게 동의하지 않습니다. 실제 과학을 공부하다 보면 100퍼센트 정확한 답을 만나지 못합니다. 가장 100퍼센트에 근접한 답을 찾아가는 과정을 배우고, 그 과정을 찾아가는 것을 연구개발이라고 합니다. 이를 위해 무엇보다 필요한 능력은 왜 나와 다른 결과가 나왔는지 생각하고, 질문을 던지는 능력입니다.

이런 능력을 키우기 위해서는 비슷한 주제, 서로 다른 시선의 책들이 필요합니다. 나와 다른 의견을 듣고, 그 의견을 수용하고, 입맛에 맞지 않더라도 한 번은 읽어보는 등의 노력이 쌓여야 얻을 수 있기 때문입니다. 그래서 지금 소개하는 책과 유사한 책들을 찾아 함께 읽어보고, 친구들과 함께 이야기 나누길 추천합니다. 그것이 바로 토론이 될 것이기 때문입니다.

 한줄꿀팁

책을 읽으면서 저자의 의견에 동의 못하는 부분이 있으면 줄을 쳐 보세요.
그리고 그에 대한 나의 논리를 전개해보세요.

질병과 맞서 싸워온 인류의 열망과 과학

위대하고 위험한
약 이야기

정진호 저 · 푸른숲 · 2017

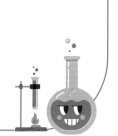

🔬 위대한 독성학 석학이 알려주는 약

여러분은 약에 대해서 얼마나 많이 알고 있나요? 우리는 아플 때 약을 먹습니다. 그리고 약을 먹으며 늘 걱정이 많습니다. 약을 먹어도 괜찮은 것인지, 불필요한 약을 먹고 있는 것은 아닌지 말이죠. 다들 괜찮다고는 하지만 그게 맞는 건지 늘 걱정이 앞섭니다.

　이번에 소개할 《위대하고 위험한 약 이야기》는 왜 인간이 약을 어렵게 생각하는지, 약은 정말 어떤 것인지에 대해 독성학을 연구하는 과학자의 입장에서 풀어내고 있습니다.

사실 이 책은 정말 '찐 과학 덕후'에게 딱 맞는 책입니다. 특히 신약개발에 관심이 있거나, 제약산업에 관심이 있는 사람들에게도 잘 어울리는 책이기도 합니다.

먼저 책을 저술한 작가에 대한 이야기부터 시작해보겠습니다. 이 책을 저술한 작가는 신약개발 과정에서 아주 중요한 연구분야 중 하나인, 독성학을 연구한 과학자 정진호 교수입니다. 정진호 교수는 서울대학교 약학대학에서 제약학을 전공하고, 생명약학으로 석사학위를, 그리고 미국 존스홉킨스대학교에서 독성학으로 박사학위를 받은 의약품 연구자입니다. 귀국이후, 서울대학교 약학대학에서 학생들을 가르치며 약, 식품, 대기, 물에 포함된 화학물질이 인체에 어떤 영향을 미치는지에 대한 인체독성과, 유해화학물질의 안전성에 대한 연구를 수행했습니다.

특히 이분은 국회 가습기살균제 국정조사 특별위원회 전문위원 등을 역임하기도 했고, 현재는 국내 최고의 석학들이 모인 한국과학기술한림원 의약학부 학부장을 맡고 있습니다.

이 책은 이런 저자의 독성학 지식을 총망라하여 약에 대한 이야기를 풀어내고 있습니다. 저자는 왜 이 책을 집필했는지에 대해 서문에 이렇게 밝혔는데요.

> 이 책은 약을 소재로 썼지만 죽음과 질병을 막으려는 간절한 바람이 미신에서 과학으로 진화해온 이야기이기도 하다. 수천 년 전에 미신으로 여겼던 것이 현대에 와서 과학으로 입증되기도 하고, 21세기에 등장해 과학이라고 여겼던 것이 거짓으로 밝혀지기도 한다. 우리가 믿는 사실이 언제든 틀릴 수 있다는 말이다. 하지만 질병의 고통을 없애고 더욱 행복하게 살고자 하는 인류의 열망과 과학을 향한 끝없는 호기심만은 변하지 않을 것이다.

이러한 저자의 의도를 반영하듯 이 책은 약에 관련된 모든 에피소드를 다루고 있습니다. 약이 없어 고통받던 과거의 모습부터 마취제와 소독제 등 인류를 구한 위대한 약들, 인류의 생명을 위협한 아편, 탈리도마이드의 이야기까지…. 이런 물질들이 어떻게 발견되고 쓰였는지 재미있게 풀어내고 있습니다.

이 외에도 일반인들이 가장 궁금하지만 오해도 많은 플라시보, 비타민, 우울증 치료제, 술 깨는 약, 디톡스, 그리고 논란의 중심인 아스피린, 비아그라 등 최신 생명과학과 관련된 약학 지식도 설명하고 있어, 과거와 현재를 아우르며 상식을 넓히기에 아주 좋은 책이라 할 수 있습니다.

많은 약에 관련된 서적 중 약을 연구하는 연구자가 직접 집필한 책은 드문 편입니다. 대부분은 건강 관련 책으로 무엇을 먹어라 혹은 무엇을 먹지 말아라, 어떤 약을 먹어야 한다 등 지침이나 단편적인 효능 혹은 극단적인 독성에 대해 서술하는 경우가 많습니다. 이 책은 그런 기존 건강서와는 다른 입장으로 과학자의 관점에서 약이 인류에게 어떤 의미를 갖는지, 그래서 현대인은 약을 어떻게 다루어야 하는지를 알려주어 최종 선택을 할 수 있도록 돕고 있습니다.

플라시보 효과가 과학이 된 과정

저는 수업에서 특정 의약품에 대해 강의를 할 때 이 책의 예시들을 많이 사용합니다. 딱딱한 전공 수업에 재미 한 스푼을 첨가하기 좋은 예시가 많이 담겨 있기 때문이죠. 어떤 것들이 있는지 살펴볼까요?

첫 번째는 플라시보 효과placebo effect 입니다. 플라시보는 가짜로 만든 위약 혹은 위약을 투여하는 행위를 뜻합니다. 주로 의약품을 연구할 때 가짜 약 대조군으로 많이 쓰이며 이때 환자들은 자신들이 플라시보 약물을 투여받는다는 사실을 모릅니다. 그런데 흥미롭게도 위약을 먹은 환자 중 약 35퍼센트가 증상이 완화되었는데 이를 플라시보 효과라고 부릅니다. 여기까지 읽으면, 마치 플라시보 효과란 인간의 면역체계가 힘을 발휘하여 건강을 되찾는 것처럼 느껴집니다. 그러나 저자는 인체가 가진 선천적인 면역력과 같은 자연 치유력을 플라시보 효과와 혼동해서는 안 된다고 설명합니다.

실제 이 플라시보란 용어는 1785년 신 의학사전에 처음 등장했습니다. '평범한 치료법 또는 약'이라는 의미로 사용하였으나, 1811년에 '환자보다는 기쁨을 줄 수 있는 약의 별칭'이라는 의미로 정의되었다고 합니다. 그렇다면 실제 플라시보 효과는 어떻게 검증되었을까요?

책에는 플라시보 효과를 연구한 다양한 연구들이 기재되어 있습니다. 18세기 말, 미국인 의사 엘리사 퍼킨스는 금속봉을 통증 부위에 찔러넣어 통증을 치료하는 연구를 진행하여 이에 대한 특허를 받았다고 합니다. 이후 이 치료법은 당연히 논란의 대상이 되었습니다. 반발하는 자와 그렇지 않은 사람으로 나뉘었는데, 이 연구를 믿었던 사람 중에는 미국 초대 대통령인 조지 워싱턴도 있었다고 합니다.

그렇다면 이 연구는 어떻게 과학적으로 검증되고 또 의학사전에 실릴 수 있었을까요? 이는 다른 연구 그룹의 연구 덕분이었다고 하는데요. 퍼킨스의 연구를 의심한 영국인 의사 존 헤이가드는 금속봉 효과를 검증하는 연구를 시행했습니다. 그 결과, 신기하게도 효과가 있었고 금속봉이 아닌 나무 침을 사용한 연구 그룹에서도 동일한 효과를 얻었다고 합니다. 그는 이 연구 결과를 통해 인체의 어떤 증상과 장애를 극복하기 위해서는 의지와 정신도 중요하다는 플라시보의 임상효과를 검증했습니다.

그렇다면 여러분이 일상에서 접하게 되는 플라시보 현상은 무엇이 있을까요? 저자는 대부분의 건강기능식품 그리고 비타민, 또는 아플 때 의사를 만나 진료를 받고 오는 것 자체만으로도 마음을 편안하게 하며 환자의 회복효과를 기대할 수 있다고 이야기합니다. 또 우리가 체했을 때 손을 따면서 편안해졌다고 느끼는 것과 같은 민간요법 역시 플라시보 효과라고 이야기합니다.

생각보다 우리가 겪는 플라시보 현상이 꽤 많다는 생각이 들지 않나요? 이렇게 책의 내용을 기반으로 주변에서 익숙한 내용을 찾아보는 것도 재밌는 활동이 될 수 있을 것입니다.

🔬 이 책 활용법

만약 이 책을 읽는 독자들이 과학 전공을 고려하고 있다면, 토론 수업을 연계해보는 것도 좋습니다. 책에는 토론을 해볼 만한 다양한 주제가 존재합니다. 가령 논쟁의 여지가 있는 약과 독에 대한 이야기가 적합할 것입니다. 저자는 국내에서 가장 유명한 유해화학제품으로 인한 인재, 가습기살균제 사건(2011년부터 발생한 특정 가습기살균제를 사용한 사람들이 폐질환과 사망을 초래한 사건)을 조사하는 국회 특별위원회에서 활동한 이력을 가지고 있습니다. 그래서인지 책에는 '가습기살균제 사건을 이렇게 끝내면 안 되는 이유'라는 칼럼이 있는데 이 부분을 읽고 나면 생각해야 할 지점이 꽤 많다는 것을 느낄 것입니다.

책에는 가습기살균제 사건의 타임라인이 아주 자세하게 기재되어 있습니다. 첫 사망자가 나온 시기부터, 어떤 문제가 있었는지, 어떤 역학조사가 진행되었는지, 그리고 특별법 제정까지 어떤 일들이 정부와 과학계에서 진행되었는지 등 타임라인을 따라가다 보면 우리가 놓친 골든타임이 어디인가를 한 번쯤 되짚게 될 것입니다.

과학에서 100퍼센트는 없습니다. 당연히 완벽도 없습니다. 특히 화학물질은 동전의 양면처럼 늘 장단점을 가지고 있기에,

완벽하게 옳고 그름을 이야기하기가 어렵습니다. 그래서 더 신중해야 하고, 더 많은 연구 데이터가 필요한 것입니다.

이에 대해 정부의 방향이 옳았는지, 과학계에서는 무엇을 놓쳤는지 서로 자유 토론을 해보는 것도 좋습니다. 과학자가 지켜야 할 윤리, 과학이 정부정책에 반영될 때 무엇을 고려해야 하는지 등 다양한 생각의 확장을 기대해볼 수 있을 것입니다.

한줄꿀팁

약과 독으로 나뉘는 다양한 의약품을 주제로 이야기를 나눠보길 바랍니다. 해당 물질을 어떻게 다루도록 정책이 마련되어야 할지, 또 과학자의 선의, 의료진의 선의에 기대 물질을 관리하는 시스템은 정말 올바른지 등에 대해서 말입니다. 이런 활동이 바로 독서를 통해 생각을 확장해나가는 좋은 방법 아닐까요?

PART 5

역사로 보는
화학 이야기

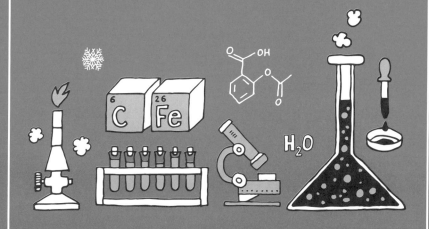

케임브리지대학교에서 정식 출판한 쉽고 재밌는 과학사 책

청소년을 위한 케임브리지 과학사 3 – 화학 이야기

아서 셧클리프 저 · 조경철 역 · 서해문집 · 2006

학교 선생님이 들려주는 재미있는 과학 이야기

이번에 소개할 책은 영국의 케임브리지대학교에서 출간한 시리즈물로 생물 의학 이야기, 물리 이야기, 화학 이야기, 기술 이야기 총 4권으로 구성되어 있습니다. 이 중 화학 이야기 편에 대해서 같이 살펴보도록 하죠.

저자는 젊은 시절 케임브리지대학교에서 과학교사로 재직하며 교육 현장에서 쉽게 사용할 수 있는 과학사 책을 저술하

기로 마음먹었다고 합니다. 과학사에 자주 등장하는 신기한 사건과 우연한 발견이 과학 지식으로 변해가는 과정, 수많은 과학자의 땀과 열정 등을 조사하고 연구하는 일이 즐거웠거든요. 그래서인지 이 책의 어투는 마치 과학 선생님이 이런저런 옛날 이야기를 하는 듯한 말투로 들리기도 합니다. 역사 책의 야사를 보듯 재미있는 일화나 유명한 어록을 설명하면서 당시의 사회적 상황, 사실 관계, 와전되거나 허황된 소문 등을 재미있게 설명하고 있습니다.

이 책은 단순히 사실 관계를 나열하기보다 특정 시대와 과학적 발견을 연결하여 왜 당시 과학기술이 그 방향으로 발전했는지, 과학자들의 의식 속에 어떤 생각이 자리 잡고 있었는지를 설명해줌으로써 독자들의 세계관을 넓히고 있습니다.

주로 이 책에서 다루는 시대는 근대 과학혁명 이후 현대 과학까지인데요. 이 시기의 전쟁, 산업혁명, 대항해시대 등과 같은 배경을 조금이라도 알고 있다면 더욱 흥미로울 것입니다. 과학사에 관심이 있는 청소년뿐만 아니라 일반 독자 그리고 역사서를 즐겨 보는 문과 사람이어도 충분히 입문 가능한 책이니 읽어보시는 것을 추천합니다.

🧪 연금술사의 왕이 된 사람

많은 영화에서 연금술사들은 하나같이 기괴하고, 특이하고, 신의 영역에 도전하는 사람들처럼 그려집니다. 그런데 이 책에는 이런 이미지와는 다른 특별한 연금술사가 등장하는데요. 바로 15세기 활동한 바실 밸런타인Basil Valentine 입니다. 그는 연금술사이면서도 베네딕토회에 속하는 식견 높은 수도사였습니다.

바실 발렌타인의 초상화,
Chymische Schrifften, 1717

바실 발렌타인 유언장 속
연금술 기호표, 1671

당시의 중세 연금술사들은 대부분 본명을 숨기고 특이한 가명을 즐겨 썼는데요. 이 바실 밸런타인이라는 의미도 뒤집으면 바실은 '왕'을 의미하는 그리스어이고, 밸런타인은 '강대하다.'라는 뜻의 발렌티노에서 파생된 단어입니다. 그래서 합치면 '연금술사의 왕'이라는 뜻이 되죠. 이렇듯 자기애가 가득한 이름을 가진 이 연금술사는 많은 저서를 남겼습니다. 자신의 실험과 화학지식을 빠짐없이 정리한 이 원고들을 죽기 직전 독일의 에르푸르트대성당의 제대 뒤 대리석 탁자 밑에 숨겨놓고 사망했다고 합니다. 위대한 연금술의 왕이 되고 싶었던 그의 기도를 신이 들었는지 실제로 그가 사망한 후 대성당에 벼락이 떨어져 벽이 무너지면서 중세 화학지식이 총망라된 원고가 발견되었습니다. 그 덕에 우리는 중세 연금술에 대해서 잘 알 수 있게 되었다고 합니다. 무슨 전설 같지 않나요? 이쯤 되면 그가 어떤 연구를 했는지 궁금할 것 같습니다. 함께 살펴볼까요?

　　밸런타인은 수도원에서 수사들의 병을 고치기 위해 다양한 물질을 가지고 연구했습니다. 약초, 광물 등 다채로운 재료를 사용했고, 대부분 실패해서 늘 버렸다고 합니다. 어느 날 우연히 밸런타인은 돼지들이 창가 아래에서 무언가를 먹는 모습을 보게 됩니다. 바로 자신이 실험하다 망쳐서 내다 버린 쓰레기들을 먹는 모습이었습니다. 돼지가 금방 죽을 것이라 생각했던 밸런타인은 예상과 달리 돼지가 건강해지고 살이 찌는 것을 보게 됩니다. 그는 자신이 우연히 만든 것 중 하나가 바로 엄청난 치료제라 착각해 이를 아픈 동료 수사에게 먹이지만 동료는 곧 사망하고 맙니다.

지금의 과학 지식을 기반으로 살펴본다면, 돼지를 관찰하고 약이 될 수 있는 물질이 있다고 가설을 세운 것은 지금도 충분히 타당한 가설이 될 수 있을 것입니다. 그런데 이후 이 물질을 분석하지 않고, 임의대로 사람에게 복용하게 한 것은 굉장히 위험한 일이었습니다.

그렇다면 실제 과학자들은 사고가 발생했을 때 어떻게 연구를 진행해야 할까요? 먼저 연구자들은 사고에 대해 정밀하게 조사합니다. 왜 사고가 났고, 어떤 물질이 사고를 일으켰고, 어떤 피해가 있었으며, 그래서 앞으로 어떻게 대비해야 하는지를 정리합니다.

발렌타인도 이 과학자들의 방식 그대로 실천했습니다. 그는 이 물질이 독성물질이라는 것을 모두에게 알려주기 위해 그 쓰레기에 이름을 붙였습니다. 안티몬이라고요. 안티몬이란 이름의 유래는 안티anti '거스르다' 그리고 무안moine은 '수사'를 의미합니다. 해석하면 수사를 거부한다는 뜻이죠.

이름을 붙이고 사람들에게 알림으로써 밸런타인은 사고 내용을 조사하고 무엇이 문제가 되는지를 규명했습니다. 그리고 이후 안티몬을 연구하며 안전하게 사용할 수 있는 방법을 터득 했습니다. 아주 적은 용량을 투여하면 인체에 약으로도 이용된 다는 것이었죠. 여기까지 보면 밸런타인의 연구는 현대 과학자 들이 진행하는 과학적 사고에 의한 연구법과 아주 유사한 형태 이고 그래서 마치 진짜 과거에 있었던 사실을 들은 것 같다는 생각이 듭니다.

그런데 이 연금술사 이야기, 진짜가 맞을까요? 책에는 이런 전설 같은 이야기의 진위를 파악하는 코멘트가 존재합니다. 사 실 이 안티몬 전설은 많은 학자가 거짓으로 보고 있습니다. 문 헌에 따르면 11세기부터 안티몬이라는 단어를 사용하고 있기 때문입니다. 그러니 15세기에 안티몬이 발견되었다는 것은 이 미 시작부터 앞뒤가 맞지 않습니다.

그래서 많은 역사학자가 이 사건이 실제로 일어난 것이 맞는 지, 또 밸런타인이라는 연금술사가 현존한 것인지에 대한 의 문을 제기하기도 합니다. 신성로마제국의 황제인 막시밀리안 1세조차도 베네딕토회 소속 수도원을 수소문하여 밸런타인을 찾으려 했지만 실패했고, 밸런타인이 집필했다는 책에 나온 이 야기는 밸런타인 사후에 발견된 사실이 기재되어 있어 신빙성 이 떨어지기 때문입니다. 이 사람이 실존 인물이 맞는지 아닌지, 여러분도 궁금하지 않나요?

🔬 밸푸어 선언의 시작

또 다른 이야기로는 아세톤과 유대인의 관계를 설명한 것도 있습니다. 흔히 유대교를 믿는 사람을 유대인이라고 합니다. 이스라엘 멸망 이후 전 세계를 떠돌며 살게 된 그들은 19세기 말, 팔레스타인에 언젠가 자신들의 나라를 세우겠다는 결심을 하고 시오니스트라고 부르는 단체를 만들게 됩니다. 물론 모두가 동의한 것은 아니지만, 이렇게 설립된 시오니스트는 잃어버린 예루살렘을 찾기 위한 다양한 노력을 하게 됩니다.

제1차세계대전 당시 러시아 태생의 유대인인 하임 바이츠만Chaim Weizmann은 맨체스터대학교에서 고무를 만드는 연구를 하고 있었습니다. 이때 그는 고무 연구를 하다가 아세톤을 만드는 생합성 방법을 찾아내는데, 이 아세톤이 전쟁에 필요하게 된 사건이 발생합니다. 아세톤은 당시 여러 유기화합물을 녹이는 대표적인 용매로 쓰였고, 특히 탄약에 들어가는 무연화약을 만드는 데 필요했습니다.

문제는 당시 연합군에서 이걸 만들 수 없었다는 것입니다.

1916년 전쟁이 급박해지며 영국의 처칠 수장은 바이츠만이 실험실에서만 성공해본 아세톤 제조실험을 공장에서 상용화하는 연구를 수행하길 요구합니다. 각고의 노력과 전폭적인 재료 및 물자 지원으로 아세톤의 대량생산에 성공하자, 당시 외무장관인 밸푸어는 바이츠만에게 연합국이 전쟁에서 승리하면 예루살렘을 주겠다고 했고, 1917년 '밸푸어 선언'에 의해 팔레스타인에 유대인의 조국을 건설하는데 돕겠다는 연합국의 선언이 승인되었습니다. 그 결과 당시 터키령이었던 팔레스타인에 주둔 중인 터키군을 영국군이 쫓아내고, 이곳에 이스라엘이 세워지게 됩니다. 현재 팔레스타인과 이스라엘 분쟁의 핵심 키워드인 '밸푸어 선언'은 어떻게 보면 과학자의 연구에서 시작된 셈입니다.

🔬 이 책 활용법

이렇듯 책을 통해 과학의 발견과 역사적 현장이 어떻게 연결되고, 어떤 나비효과가 이어지는지 생각해볼 수 있습니다. 아세톤의 발견이 연합국의 승리로, 그리고 그 승리가 지금의 전쟁으로 이어졌으리라고 과거 그 누가 생각했을까요?

책을 보며 과학의 과거를 돌아보고 현대 과학에서 이 사실을 어떻게 응용하고 있는지를 연계해서 찾아보는 활동을 해보길 추천합니다. 현대에 미친 나비효과가 무엇인지, 우리가 발견한 과학 지식은 미래에 어떤 나비효과가 될 것인지 생각해본다면, 더 재미있게 책을 볼 수 있을 것입니다.

책에 나온 화학사 중에 여러분의 마음을 사로잡는 이야기는 무엇인가요?
하나를 선정해 주변 친구에게 말해보세요.

인류의 역사는 질병의 역사다

세계사를 바꾼 10가지 약

사토 겐타로 저 · 서수지 역 · 사람과나무사이 · 2018

질병과 질병을 막아낸 약에 대한 이야기

이제 여러분은 과학과 역사가 상당히 밀접하다는 것을 잘 알게 되었을 것입니다. 역사의 한순간을 통째로 바꿔버릴 정도라는 것을요. 《세계사를 바꾼 10가지 약》도 역사의 중요 페이지에 존재하는 과학 발견을 이야기하고 있습니다.

이 책의 저자 사토 겐타로는 도쿄대학교에서 응용화학과를 졸업하고 대학원에서 유기합성화학을 공부한 유기화학자입니다. 특히 '유기화학미술관'이라는 웹사이트를 운영하며 쌓인 유기화학에 대한 지식을 쉽게 풀어내고 있습니다.

약을 만드는 연구는 화학, 생물학, 물리학, 수학 등 기초과학이 융합하여 이루어진 고도의 학문에 해당합니다. 살아 있는 생명체를 대상으로 하는 연구이기 때문에 예측이 불가능해서 어렵고, 또 무엇보다 여러 분야가 협력하지 않으면 수행되기 힘듭니다. 그렇다면 이러한 의약품의 시작은 어디서부터일까요?

책에서는 인류의 역사를 '질병의 역사'라고 여기고 있습니다. 그리고 이 질병을 막기 위한 약을 소개하는 방식으로 인류가 위기를 어떻게 넘겼는지 설명하고 있습니다. 과학책보다는 역사책에 좀더 가까운 느낌이 들지만 전혀 따분하거나 지루하지 않습니다. 시대적 배경을 보며 왜 약이 필요했는지, 그리고 약이 바꾼 세상이 어떻게 변화하는지를 함께 볼 수 있다는 점에서 식견을 넓히는 데 큰 도움이 됩니다.

이처럼 세계사에는 역사의 흐름을 바꾸는 데 일조한 약들이 등장합니다. 대항해시대를 열 수 있게 만든 비타민C, 모기에 물리면 죽음을 맞이하던 인류를 구한 말라리아 특효약 퀴닌, 약인 줄 알았으나 한 끗 차이로 독이었던 모르핀, 통증 치료를 통해 외과수술의 시대를 열었던 마취제, 많은 산모의 목숨을 구한 소독약, 희대의 전염병이던 매독을 치료한 살바르산, 미생물로부터 인류를 구한 항생제인 설파제와 페니실린, 지구상에서 가장 안전한 약이라 불리는 아스피린과 HIV바이러스 치료제까지…. 이러한 약의 탄생은 인류의 생명을 연장시켰고, 인류의 생명연장은 노동력을 확보하여 시대를 개척하는 자원이 되었습니다.

약의 역사는 언제부터 시작했을까

요즘은 100세 시대라고 부를 정도로 인간의 평균수명이 증가했습니다. 과거에는 어땠을까요? 저자는 과거 선사시대로 거슬러 올라가면, 인간의 평균수명은 대략 열다섯 살 정도라고 제시합니다. 그리고 그 근거로 오늘날과 달리 가벼운 병이 그 시대에는 목숨을 잃을 정도로 위험했을 것이라 추측하고 있습니다. 이렇게 조금만 위험해도 목숨이 위태롭던 시절, 의약품의 발전은 건강해지기 위한 많은 이의 간절한 마음에서 시작되었을지도 모릅니다.

실제 의약품의 역사는 정확하게 언제부터 시작되었는지는 예측하기 어렵습니다. 다만 대략적인 기록과 정황들을 근거로 추정하고 있을 뿐이죠. 많은 전문가는 약의 역사가 인류 이전의 생명체의 탄생과 함께 시작했을 것으로 보고 있습니다. 그렇게 추정하는 이유는 인간뿐만 아니라 동물들도 아프면 약을 찾았기 때문이라고 설명합니다.

예를 들면 남미에 사는 꼬리 감는 원숭이는 노래기를 발견하면 잡아서 자기 몸 여기저기 문지릅니다. 노래기가 방출하는 벤조퀴논을 몸에 바르면 뱀이나 해충이 다가오지 못한다는 것을 알고 있기 때문입니다. 물론 원숭이가 벤조퀴논의 화학구조는 모르겠지만, 오랜 세월에 걸쳐 행동을 터득해왔을 것입니다. 이런 점을 고려할 때, 초기 인류 역시 세대를 걸쳐 내려오는 경험들을 바탕으로 다양한 식물, 광물 자원들을 약으로 활용해왔을 확률이 높을 것입니다.

과거의 약물들은 모두 과학적 데이터와 같은 근거가 없는 상태에서 마구잡이로 활용되어 왔습니다. 그러한 이유로 과거 기록들을 보면 참혹할 정도로 쓰레기 같은 물질이 약으로 쓰인 경우도 꽤 존재합니다. 소똥, 말똥을 사용했다는 메소포타미아의 기록부터 악마를 쫓아낸다며 두개골에 구멍을 뚫었던 고대 이집트와 잉카 유적의 흔적들을 보면 황당할 수도 있습니다. 물론, 이러한 쓰레기 약은 히포크라테스 시대에 들어오면서 없어지고 체계화되어 이후 다양한 식물 추출물을 활용한 의약품의 시대로 성장할 수 있었다고 합니다. 정말 다행이지 않나요?

1장에 나오는 내용들은 이런 역사적 사실을 바탕으로 과거 의약품의 발전 과정을 담담하게 정리하고 있는데요. 동양의 불로불사약을 만들던 내용도 담고 있어, 마치 무협지를 읽는 느낌도 듭니다. 이는 실제로 의약화학이라는 과목에서도 다루는 내용입니다. 과거를 알아야 현대 의약품이 어떻게 발전해왔는지 이해할 수 있기 때문에 반드시 알아야 할 것입니다.

마취제, 인류를 구원하다

또 다른 약 이야기도 있습니다. 바로 수많은 부상당한 인류를 구한 '마취제'에 관한 것이죠. 함께 살펴볼까요?

현대 의학은 외과수술을 통해 많은 환자들을 구할 수 있었습니다. 이 외과수술의 기록은 신석기시대부터 추정하는데, 해당 시대의 두개골에서 개두수술 흔적이 발견되었기 때문입니다. 메소포타미아 문명에서는 청동제 메스와 수술용 톱 등이 발견될 정도로 외과수술의 다양한 기구가 발견되었다고 하니, 그 역사가 가히 오래되었다는 것을 부정할 수 없을 것입니다.

고대 인도에서는 전쟁에서 코를 잃은 사람에게 성형수술을 했다는 기록도 있다고 합니다. 다만 이 모든 수술에는 한 가지 변수가 존재했습니다. 바로 맨정신에 수술을 해야 한다는 점이 었습니다. 이렇듯 불과 100여 년 전만 하더라도 고통에 몸부림 치는 환자를 몇 명의 의료진이 힘으로 제압해야 수술이 가능했 습니다.

19세기 초반 수술실은 지하실이나 탑 꼭대기에 있었다고 합 니다. 비명소리를 막기 위해서입니다. 이런 수술을 감행하는 의사들은 환자의 고통을 줄여주기 위해 술도 먹이고 아편도 투 여하고 나중에는 환자의 경동맥을 압박하여 실신시킨 후 수술 하거나 머리를 때려 기절시키기까지 했다고 합니다. 상황이 이 러하니 누가 수술을 받고자 할 것이며, 누가 수술을 하려고 하 겠습니까? 외과수술이 고대부터 존재했음에도 더 빨리 발전하 지 못한 데는 이런 문제가 있었을지도 모릅니다.

그래서 과거에도 많은 과학자가 환자에게 통증을 느끼지 못하게 하기 위해 다양한 물질을 개발하고자 했습니다. 고대 그리스에서는 맨드레이크 뿌리를 끓여 환자에게 먹이고 다리 절단 수술을 했다는 기록이 있는데, 실제 맨드레이크 뿌리에 는 각종 알칼로이드가 함유되어 환각과 환청을 일으킬 수 있 습니다. 그렇다면 현대에 사용하는 마취제는 언제 발견되었을까요?

1700년대 영국에서 기체응용 연구를 하던 화학자 험프리 데이비 Sir Humphry Davy가 아산화질소 가스를 마신 뒤, 일시적으로 사람들이 의식을 잃었다는 내용을 알리며 오락용 약품으로 이 기체를 사용했습니다. 현대 치과에서 어린아이들의 충치치료를 할 때 쓰이는 웃음가스가 바로 이 아산화질소 가스입니다.

이 가스를 치과에서 사용한 첫 번째 의사가 호레이스 웰스라는 의사인데, 실제로 가스를 마신 뒤, 스스로 어금니를 발치하고 통증을 느끼지 않았습니다. 그가 이 연구를 발표하면서 마취제라는 개념이 등장하게 됩니다. 웰스의 제자인 윌리엄 모턴은 아산화질소 대신 에테르를 사용하여 마취수술을 성공하고, 이후 많은 외과수술에서 이런 가스를 활용한 마취가 적용되게 됩니다.

당시 마취제는 화학물질 중, 흡입할 수 있는 휘발성 물질들을 연구자들이 직접 마시고 몸에 적용해보면서 효과를 검증했습니다. 현대 과학의 입장에서 보면 말도 안 되는 상황이지만, 당시에는 연구자가 발견한 물질을 셀프임상 하는 것이 드문 일이 아니었다고 합니다.

그런데 이 에테르라는 물질은 한 가지 화학적 문제가 있었습니다. 에테르는 인화성을 가진 화합물이란 점입니다. 분자량이

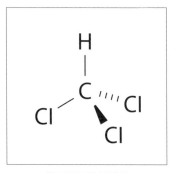

클로로포름 분자식

작아 가뜩이나 가벼워 여기저기 잘 퍼져나가는데, 불까지 붙어 버리니 골치 아픈 물질이 아닐 수 없었습니다. 그래서 또 새로운 마취제에 대한 연구가 불이 붙게 됩니다. 그러던 중, 불이 상대적으로 잘 붙지 않는 새로운 마취제 하나가 개발됩니다. 클로로포름(CHCl3)이라 불리는 이 물질은 휘발성 유기화합물로 상대적으로 에테르보다 인화성이 약해 에테르의 대체제로 활용되었습니다. 특히 다산으로 유명한 빅토리아 여왕이 출산할 때, 통증을 완화하는 데 활용되면서 더 큰 유명세를 얻었고, 이후 20세기 초반까지 대표적인 흡입 마취제로 활용되었습니다. 지금은 독성 이슈가 있어서 사용하지 않고 실험실에서는 용매로 사용하는 정도로 활용되고 있습니다.

여기서 언급된 물질들은 과거에 사용했고, 현대에는 사용하지 않는 의약품입니다. 간혹 영화나 드라마에서 납치범들은 클로로포름을 수건에 묻히고 주인공을 납치합니다. 이때 주인공은 얼굴에 수건이 닿으면, 눈을 크게 뜨고 반항하다 금방 기절하곤 합니다. 이 장면, 정말 가능한 이야기일까요?

정답은 '아니오'입니다. 클로로포름으로 몇 초 만에 사람을 기절시키는 것은 불가능에 가깝습니다. 클로로포름이 워낙 독성이 강해, 한꺼번에 다량을 들이마시면 의식을 잃거나 죽을 수도 있기 때문입니다. 따라서 만약 영화나 드라마처럼 납치범이 클로로포름을 다량 사용한다면, 주인공은 사망해야 인과관계가 성립할 수 있을 것입니다.

⚛ 이 책 활용법

제가 대학에서 4학년들을 대상으로 〈신약개발특론〉이라는 강의를 진행할 때, 이 책을 많이 참고했습니다. 재미있는 에피소드와 의약품을 연결하면 학생들이 더 기억을 잘하기 때문이었죠. 그러고는 학생들에게 이 책에서 언급한 10가지 의약품에 관련된 최신 연구를 찾아보거나, 과거 의약품 중 무엇이 금지되었는지 트렌드를 분석하는 과제를 주기도 했습니다. 이 활동을

통해 화학에 대한 지식과 재미를 모두 얻기를 바라는 마음에서
였습니다. 여러분도 꼭 해보시길 바랍니다.

🐝 한줄꿀팁

세계사 속에서 새로운 의약품이 발견되고 나면. 이 의약품은 그 시대를 풍미
하는 콘텐츠에 반드시 나타나곤 합니다. 클로로포름처럼 말입니다. 이렇게
해당 의약품과 관련된 사건 사고 혹은 영화나 소설 속 내용을 함께 찾아보세
요. 당시 사람들이 해당 약에 대해 어떤 생각을 가졌는지 알 수 있을 겁니다.

원자폭탄, 레이더, 합성고무 그리고 페니실린

페니실린을 찾아서

데이비드 윌슨 저 · 장영태 역 · 전파과학사 · 2019

제2차세계대전을 승리로 이끈 의약품

혹시 영화 〈오펜하이머〉를 본 적 있나요? 제2차세계대전 시기 맨해튼 프로젝트를 이끈 천재 물리학자 로버트 오펜하이머Robert Oppenheimer에 관한 영화입니다. 이 영화를 보며 저는 학부 시절의 한 수업에서 들었던 이야기가 불현듯 떠올랐습니다. 바로 과학은 아이러니하게도 전쟁을 통해 발전해왔다는 것입니다. 실제로 제1차세계대전은 화학자들의 전쟁이라고도 하고, 제2차세계대전은 물리학자의 전쟁이라고 하기도 합니다. 그런데 제2차세계대전의 승리에는 원자탄만 있었던 것이 아닙니다. 이번에 소개할 책은 제2차세계대전의 승리를 만들어낸 기술적 요인 중 하나인 의약품에 관한 이야기입니다.

제2차세계대전에서 연합군이 승리할 수 있었던 이유는 네 가지 기술 때문이라고 합니다. 원자폭탄, 레이더, 합성고무, 그리고 페니실린입니다. 의약품의 역사 측면에서 볼 때 이 페니실린은 상당히 중요한 역할을 하는데요. 전쟁에서 부상을 입었을 때 상처로 인한 감염을 막아 수많은 사람을 살렸습니다. 당시에는 총에 맞아 죽는 사람보다 감염으로 죽는 사람이 더 많았기 때문입니다. 이는 인간이 미생물과의 전쟁에서 승리했다는 의미와 같은 기념비적인 일이었죠.

《페니실린을 찾아서》는 영국 BBC 과학부 기자인 데이비드 윌슨이 페니실린의 탄생 뒷이야기를 풀어낸 책으로, 아무도 몰랐던 과학자들의 피 튀기는 '투고投稿 전쟁(과학자들이 연구 성과를 학술지에 발표하기 위해 경쟁하는 현상)'도 엿볼 수 있는 재미있는 책입니다. 이제부터 같이 살펴보겠습니다.

여러분은 페니실린에 대해서 얼마나 알고 있나요? 보통 위인전에서는 알렉산더 플레밍 Alexander Fleming이 항생물질을 연구하다가 우연히 세균을 배양한 배지에 곰팡이가 날아들면서 항생제를 발견하게 되었고, 이것이 지금의 페니실린이 되었다고 합니다. 그런데 이 책의 저자는 애초에 이 이야기가 심하게 왜곡되어 있다고 말합니다. 그 왜곡을 풀기 위해 저자는 플레밍이 발표한 최초의 논문부터 팩트체크를 하며, 하나하나 내용을 정리합니다. 그 과정이 모두 한 편의 다큐멘터리처럼 서술되어 독자는 흐름을 따라가며 편하게 읽을 수 있습니다.

플레밍은 페니실린을 처음 발견했을 때 항생물질을 연구하려던 의도는 아니었습니다. 그는 세균을 연구하던 학자였고, 페니실린에 대한 첫 공식 논문은 〈B−인플루엔자 분리에 이용된 페니실륨 곰팡이의 항세균 작용에 대하여〉라는 제목이었습니다. 해당 논문에서 플레밍은 한 접시에서 오염으로 생긴 큰 곰팡이 군체 주위에 포도상구균이 분해되어 있음을 발견했습니다. 그런데 그는 이를 주의 깊게 보지 않았고, 그저 발견한 것에 대해 기술했을 뿐이었습니다. 이후 논문에서도 포도상구균을 분해한 물질을 관찰한 내용과 이를 배양하는 방법 외에는 아무것도 기술되지 않았습니다. 이것이 플레밍이 발견한 모든 것이었죠.

안타깝게도 플레밍은 이 물질이 정확하게 어떻게 항생제로 작용할 수 있는지 이해하지 못했고, 치료의 효과가 있다는 것도 밝히지 못했습니다. 게다가 처음 발표한 큰 곰팡이의 효과에 대해서도 몰랐으며 해당 물질이 세균을 죽인다고 오해만 했

페니실린화학식

습니다. 그러니 실제 발견자라고 여기기에는 너무 알아낸 것이 없다는 것입니다.

물론 플레밍의 발표 이후, 많은 이가 곰팡이의 정체를 연구하면서 곰팡이 안에 어떤 물질이 있는지를 파악하기 시작했습니다. 이를 계기로 페니실린에 관한 연구에 박차가 가해진 것도 사실이지만 그것도 우연히 겹친 것뿐이라고 저자는 설명합니다. 페니실린을 약품으로 개발한 것은 옥스퍼드대학교에서 박테리아의 길항 작용에 대한 연구를 하던 하워드 플로리Howard Florey와 어니스트 체인Ernst Chain이라는 과학자였습니다.

이들은 연구를 거듭하던 끝에 10여 년 전 논문이었던 플레밍의 연구를 접하면서 물질을 분리, 분석, 제작, 검사할 수 있는

체계를 갖췄습니다. 그제서야 진짜 페니실린이 무엇인지를 파악하게 되었는데요. 즉, 다양한 연구가 가능한 거대 연구팀을 꾸린 뒤에야 페니실린이 무엇인지를 알 수 있었다는 것입니다. 플레밍의 발견 이후, 실질적인 물질 개발은 옥스퍼드대학교의 연구팀의 손에 만들어진 셈입니다.

이러한 발견에 미국의 한 제약사가 가담을 합니다. 이 제약사에서 페니실린의 대량생산에 투자를 하여 미국과 영국이 공동연구를 하게 됐는데요. 이에 따라 영국의 로버트 로빈슨경Sir Robert Robinson과 미국의 로버트 우드워드Robert Woodward 교수가 경쟁적으로 구조결정 연구를 하여 전합성 기술을 확립합니다. 이는 현대 의약품 합성 연구의 가장 근간이 되고 있죠.

전합성 기술이란 특정 구조를 가진 화합물을 저렴한 시약으로부터 체계적으로 합성하여 만드는 기술로, 흔히 자연계에 존재하는 물질을 인공적으로 대량 합성할 수 있도록 합니다. 유기화학의 꽃이라고도 부르는 이 기술은 환경적이고 생산적인 실험을 가능하게 합니다. 현재는 유기화학 역사상 우드워드 교수가 선구자로 꼽히고 있습니다.

이 책에는 이런 다양한 이야기가 다큐멘터리를 보듯 펼쳐집니다. 마치 고증이 탄탄한 영화 한 편을 보는 느낌입니다. 책으로도 이런 감정을 느낄 수 있다니 대단하지 않나요?

신약개발은 노력만으로 이뤄질 수 없다

흔히 의약품을 만드는 연구를 '황금 알을 낳는 거위'에 칭하곤 합니다. 과학자든, 제약회사든, 누구나 신약을 만들고 싶어 합니다. 그런데 신약을 만드는 일은 열정만으로 되는 일이 아닙니다. 플레밍처럼 우연으로 시작하기도 하고, 옥스퍼드대학교 연구팀처럼 이론에서 끝날 것 같은 일에 끈질기게 몰두하여 성공시키기도 합니다. 또는 연구를 바탕으로 해서 기업이 대량생산을 하기도 하지요.

이 책은 신약이 개발되는 전 과정이 과거에 어떻게 이루어졌는지, 전쟁을 끝내기 위해 당시 과학자들이 얼마나 열정적으로 연구를 이어갔는지를 보여주고 있습니다. 우리가 먹는 약 하나하나가 얼마나 많은 이의 노력으로 이뤄졌는지를 느낄 수 있게 해줍니다. 우리는 일상처럼 당연하게 여기지만 그 과정은 절대 당연하지 않았던 것이죠.

그런데 재밌는 점은, 만약에 지금 페니실린을 만든다면 아마도 이 약물은 임상 전 탈락할 확률이 높다는 것입니다. 현대 의약품 개발 기준은 과거보다 엄격해서 페니실린이 이 기준을 충족시키지 못할 것이기 때문입니다. 이처럼 과거와 현대의 약 만드는 방식을 비교하며 보는 것도 재밌는 활동이 될 것입니다.

이 책 활용법

그렇다면 도대체 페니실린을 대량생산하는 데 성공한 회사는 어디였을까요? 책에는 영국 제약회사, 미국 제약회사 등 페니실린과 관련된 다양한 기업들이 나오는데, 사실 현대 의약품 시장은 초국가적이기 때문에 국적의 의미가 없습니다. 그래도 페니실린을 대량생산에 성공한 최종 승자를 꼽자면 미국의 제약회사 화이자Pfizer Inc.입니다.

화이자 그룹 홈페이지, 유튜브, 위키피디아 등에 검색해보면 페니실린의 개발과 대량생산에 대한 다양한 일화들이 담겨 있습니다. 이곳에서 기자 출신의 저자가 이야기한 내용과 시기가 일치하는지도 확인하고, 저자가 언급한 회사가 어디인지도 찾아봅시다. 이에 대한 지식을 계속 쌓아가면 결코 우리가 먹는 영양제, 우리가 먹는 약들이 절대 가볍게 느껴지지 않을 것입니다.

한줄꿀팁

페니실린을 대량생산한 회사 '화이자'는 현재 어떤 약들을 팔고 있을까요? 그중에 여러분이 접한 약들이 있나요? 인터넷에서 검색해보세요.

READING LEVEL | **고급-기초 ★★★**

화학의 모든 분야를 총망라한 고전

화학의 시대

필립 볼 저 · 고원용 역 · 사이언스북스 · 2001

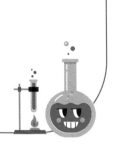

30년 전의 화학 vs. 지금의 화학

이번에는 좀더 어려운 책을 소개해보려 합니다. 미국에서 1994년 출간된 고전으로《화학의 시대》라는 책입니다. 원제는 'Designing the Molecular World'인데요. '분자의 세계를 설계하기'라는 의미입니다. 책의 제목만 들어도 '정말 고전이겠구나' 싶은 생각이 들죠? 하지만 예상보다 아주 딱딱한 책은 아닙니다.

250

이 책의 저자 필립 볼Philip Ball은 유명 과학 저술가로 영국 옥스퍼드대학교에서 화학을, 브리스톨대학교에서 물리학을 전공하였고, 20여 년간 《네이처》지에서 물리, 화학 분야의 전문 편집자로 일했습니다. 이 경험을 살려 그는 1994년 당시 급성장하고 있는 10가지 화학 분야를 일반인들에게 소개하려 했습니다. 그리고 이를 통해 화학의 잃어버린 영광을 찾기 위해 제목을 이렇게 진지하게 지었을지도 모르겠습니다.

책은 크게 세 개의 대주제로 총 10가지의 기술을 소개하고 있습니다. 오랫동안 연구가 지속되는 전통 분야, 90년대 당시 아주 뜨거운 연구 주제에 해당한 분야, 마지막으로 집필 당시 주목받던 화학 분야로 분류하고 있습니다.

책의 1부에는 전통적인 연구에 해당하는 분자합성, 촉매, 효소연구, 분광학, 결정학 등이 포함되어 있고, 2부에서는 분자생물학, 전자공학, 재료공학, 마지막으로 기초연구 생화학, 환경화학에 대해 구성되어 있습니다.

보통 많은 화학 도서는 특정 분야에 대한 이야기를 중점적으로 다루는 경우가 많습니다. 화학의 역사가 오래되었기도 하고, 적용되는 영역도 워낙 많아서 한 개의 영역만 이야기해도 시간이 모자라기 때문입니다. 그래서 화학이라는 분야에서 어떤 발자취를 남긴 기술을 모두 설명하는 것은 참 어려울 수밖에 없습니다. 그런데 이 책의 저자는 그 어려운 일을 이토록 성공적으로 해낸 것이죠.

다양한 화학의 언어를 사용해서 쓰인 이 책을 이해하기 위해서는 약간의 화학 지식이 필요합니다. 따라서 해당 분야의 전공자라면 좀더 수월하게 책을 읽을 수 있을 것입니다. 그렇다면 비전공자는 어떨까요? 고등학교 시절 공통과학에서 화학을 조금이라도 접해보았다면 큰 문제는 없을 것입니다. 다만, 화학용어와 표현들이 낯설 수 있어 처음부터 꼼꼼히 보는 것을 추천합니다.

🔬 기술은 연속적이다

이 책을 처음부터 읽어야 하는 데에는 두 가지 중요한 이유가 있습니다. 첫 번째, 기술의 발전에는 흐름이 있기 때문입니다. 기술은 어느 날 갑자기 나타나지 않습니다. 기존 기술이 오랫동안 사용되며 그 기술에 더해서 새로운 기술로 업그레이드가 되는 패턴으로 발전합니다. 그래서 처음 소개한 기술을 이해해야 비로소 다음 기술을 이해할 수 있는 것입니다.

또 과거의 기술은 없어지지 않고 지속적으로 활용되며 결국에는 대중화됩니다. 예를 들어, 1장에 나온 분자합성은 가장 먼저 나타난 화학기술로 유기화학 분자를 인공적으로 만드는 기술입니다. 책에서는 분자합성이 무엇인지를 설명하기 위해, 유기화학 분자 중 복잡하고 그림 그리기 어려운 분자로 손에 꼽는 '풀러렌Fullerene'에 관한 이야기를 관찰하는 방식으로 분자합성을 설명합니다. 풀러렌 화학구조는 탄소로 구성된 탄소 화합물입니다. 고리 화합물이 레고 조립되듯 툭툭 붙어서 만들어진 공 모양의 거대한 구조인데, 육각형과 오각형을 이리저리 붙인 축구공과 동일한 구조라고 보면 됩니다.

대체 왜 화학자들은 탄소로 축구공을 만든 것일까요? 저자는 이것을 통해 분자합성이 무엇인지를 설명하고 있습니다. 풀

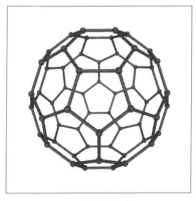

풀러렌(C_{60})

러렌은 탄소로만 이루어진 세 번째 화학구조입니다. 다이아몬드도 풀러렌처럼 탄소로 구성되어 있는데 이런 화합물을 동소체라고 부릅니다. 저자는 분자합성에 대한 화학적 정의나 기술 대신 풀러렌을 누가 생각했는지, 과학자들이 왜 이걸 만들기 위해 노력했는지, 어느 연구 그룹끼리 경쟁했는지, 왜 이 개발이 중요한지, 또 어디에 응용할 수 있는지를 설명합니다.

이처럼 저자는 기술 그 자체보다는 기술의 발견, 기술의 필요성 등 주변 지식에 대해서 상세하게 설명하고 있습니다. 그래서 이 책은 조금 어려워보이지만 아주 딱딱하지는 않은 것입니다.

비슷한 기술을 하나 더 살펴보겠습니다. 2부에서 다루는 중요한 분자 중에는 DNA가 있습니다. 저자는 이 DNA를 유전자 도서관이라 부릅니다. 과연 이 DNA는 어떤 역사를 바탕으로 연구되었을까요?

저자는 유전자 연구의 시작을 19세기 오스트리아 교회의 신부 그레고르 요한 멘델Gregor Johann Mendel의 유전법칙부터 이야기하고 있습니다.

멘델은 식물의 크기, 꽃과 씨의 색깔과 모양 등 형질이 다음 세대로 어떻게 전달되는지를 연구했습니다. 당시 멘델은 생명체가 유전되는 성질을 명확하게 규명할 수 없었고, 이를 '형질

요소'라고 지칭했습니다. 그러나 이것이 무엇인지는 당시 아무도 알 수 없었습니다.

그러다 20세기에 넘어와서 생물학자들은 현미경이라는 장비를 갖추게 되었습니다. 장비의 발전으로 그 전에 눈으로 볼 수 없던 다양한 물질을 관찰하게 되었는데요. 특히 세포를 관찰할 수 있게 되면서, 세포의 구성과 염색체 등도 자세히 알게 되었습니다. 멘델이 말한 형질요소를 눈으로 보게 된 순간인 셈입니다.

이후 각종 염색체의 화학 성분을 분석했고, 그 결과 단백질, 디옥시리보오스라는 당분자를 포함한 여러 성분이 포함되어 있는 것을 발견했는데요. 이 연구가 시간이 지나 DNA 구조를 규명하는 연구까지 확장된 것입니다. 앞서 소개한 풀러렌처럼 DNA도 그 자체를 설명하기보다 이런 배경 지식부터 설명을 하고 있어서, 고등학교 수준의 과학 공부만 했어도 충분히 이해할 수 있습니다.

🔬 이 책 활용법

이 책은 1994년에 쓰인 고전입니다. 그래서 언급된 기술에 대한 평가 기준은 1994년에 맞춰져 있습니다. 약 30년 전이죠. 그동안 화학계의 담론은 많이 바뀌었고, 새로운 이론도 다수 등장했습니다.

그렇다면 살짝 오래된 이 책을 어떻게 읽는 것이 좋을까요? 이 책을 기초로 삼고, 언급된 산업의 제품을 찾아보는 것을 추천합니다. 그리고 최신 과학기술에서 어떻게 응용되는지, 검색어를 몇 개만 쳐보면 금세 다양한 과학 기사를 접할 수 있을 것입니다.

그런데 위와 같은 활동을 할 때 반드시 지켜야 할 주의사항이 있는데요. 첫째도 의심, 둘째도 의심하라는 것입니다. 검색엔진에서 나오는 모든 내용을 믿지 말고 무조건 의심해야 합니다. 개략적으로 흐름을 파악한 뒤 의심이 가는 것은 끈질기게 파고드세요. 그리고 나만의 답을 찾으시길 바랍니다.

검색보다 조금 더 공신력 있는 매체를 찾는다면 저는 과학 잡지를 추천합니다. 국내에 유명한 과학 잡지인《과학동아》도 있고, 외국 잡지로는《뉴턴》도 있는데, 책에서 궁금한 주제가 실린 기사를 중점적으로 찾아 읽다 보면 상식을 넓히는 데 큰 도움이 될 것입니다.

화학실험을 할 때, 최신 연구논문을 바탕으로 한 실험은 실패하고, 고전적인 실험 방법을 활용했을 때 성공하는 경우가 종종 있습니다. 이때 연구자들끼리 실험이 잘 안 될 때 고전만큼 좋은 방법이 없다는 말을 하곤 합니다. 고전이 어렵고 따분하다 생각해본 적 있다면, 이 책을 추천합니다. 고전이 현대에 어떤 영향을 미치는지 다시 한 번 생각하는 시간이 될 것입니다.

🐝 한줄꿀팁

과학기술 트렌드 책을 이 책과 함께 읽어보는 것도 좋습니다. 이러한 책은 매년 새롭게 출간되고 있으므로 《화학의 시대》에 실렸던 기술들이 최근에 어떻게 활용되고 있는지 알 수 있을 것입니다.

간식처럼 읽는 쉽고 재밌는 화학 이야기

세계사를 바꾼 화학 이야기 1, 2

오미야 오사무 저 · 김정환 역
사람과나무사이 · 2022

🔬 어, 이것도 화학이야?

화학은 언제부터 인간과 함께 해왔을까요? 그리고 시대의 변화 속에서 화학은 어떤 역할을 했을까요? 이번에 소개할 책 《세계사를 바꾼 화학 이야기 1, 2》는 화학이 인류 역사 속에서 어떤 영향을 미쳤는지 보여주는 교양화학 서적입니다. 이 책에서는 화학적 발견과 발명이 그 시대의 정치, 경제, 문화, 전쟁 속에서 어떤 변화의 바람을 일으켰는지 자세히 설명해주고 있습니다.

함께 책을 살펴볼까요? 이 책은 총 2권으로 이루어져 있습니다. 1권에서는 우주 탄생부터 현대 과학의 기반이 된 산업혁명까지를 다루는데 이 시기에는 화학의 발전으로 인간의 삶이 계속해서 발전합니다. 이때까지 인류는 기술과 함께 장밋빛 미래를 꿈꾸죠. 그런데 2권으로 접어들면서 상황은 180도 달라집니다. 자본주의 시대가 도래하고, 세계대전이 곳곳에서 발생하면서 기술의 발전은 더 이상 아름답지만은 않았습니다. 아이러니하게도 많은 희생을 바탕으로 발전하는 기술도 있었죠. 이렇게 이 책은 기술 발전의 명암을 전방위로 다루며 다양한 내용을 접하기에 적절한 책이라고 할 수 있습니다. 읽다 보면 '어, 이것도 화학이야?'라는 생각이 들 정도로 다양한 화학기술이 소개됩니다. 새로운 지식을 습득하는 것을 좋아하는 독자라면 정말 재밌게 읽을 수 있을 것입니다.

보라가 왕족의 색이 된 이유

그렇다면 책에 어떤 내용이 있을까요? 제가 좋아하는 한 파트를 같이 살펴보겠습니다. 우리는 지금 언제든지 형형색색 다양한 색을 입힌 옷감으로 옷을 만들어 입습니다. 누구나 자신에게 어울리는 색의 옷을 입을 수 있죠.

그러나 고대에는 이렇게 다양한 색의 옷감을 구하기가 어려웠습니다. 옷감을 염색할 수 있는 염료가 흔하지도 않았고, 염료를 만드는 과정도 매우 험난했기 때문입니다. 그런데 그중에서 아주 고급 염료가 하나 있었는데요. 바로 보라색 염료입니다. 왜 보라색 염료가 귀했을까요? 그 이유는 보라색 염료를 만들던 재료 때문입니다. 당시 보라색 염료는 뿔고동에서 추출해야 얻을 수 있었습니다. 문제는 추출양인데, 보라색 염료 1.5그램을 얻으려면 뿔고동 12,000개가 필요했기 때문입니다. 이렇게 많이 사용해도 추출양이 적으니 당연히 희소성이 높아지며 가격이 비쌌을 것입니다.

혹시 보라색이 고귀한 신분을 위한 색이라는 것을 들어본 적이 있나요? 책에는 그 이유도 설명하고 있습니다. 고대 로마는 페니키아를 멸망시키며 뿔고동에서 나온 보라색 염료를 알게 됩니다. 당시 율리우스 카이사르는 본인과 본인의 핏줄을 이어받은 사람만 보라색 토가를 입을 자격이 있다는 규정을 만들었습니다. 카이사르의 연인이었던 이집트 여왕 클레오파트라는 자신의 신분을 과시하기 위해 여왕 전용 군함의 돛을 보라색으로 물들였고, 이때부터 보라색은 고귀한 신분을 드러내는 상징이 되었습니다.

어떤가요? 지금 여러분은 별로 어렵지 않게 보라색은 뿔고 둥에서 만들어진다는 화학적 사실을 배웠고, 이 물질이 어떻게 신분을 상징하게 되었는지에 대한 역사적 배경도 배웠습니다. 이처럼 책은 화학 초보자를 위해 가볍게 과학 지식을 설명하고 있습니다. 그래서 연령에 관계없이 이야기를 좋아하는 사람이 라면 누구나 재밌게 읽을 수 있습니다.

⚛ 소독약을 처음으로 발견한 사람

현대 과학에서 손을 씻어야 병에 걸리지 않는다는 사실은 상식 일 것입니다. 특히 전염병을 겪으며 우리는 손소독제 등을 활 용해 더 철저하게 손의 미생물을 제거합니다. 그렇다면 과거에 는 어땠을까요?

소독약을 발견한 사람은 헝가리 출신의 의사 이그나츠 제멜 바이스Ignaz Semmelweis였습니다. 당시 많은 산모가 아이를 낳은 뒤 산욕열이라는 병에 걸려 죽는 일이 많았는데, 이들을 대상 으로 추적연구를 한 끝에 의사의 손이 산욕열을 전염시킨다는 사실을 발견합니다. 그는 이를 증명하기 위해 특정 병동에서 손을 씻고 도구를 철저히 소독하게 하였고, 그 결과 산모가 산욕열로 사망하는 일을 막을 수 있었습니다. 그러나 그는 의사회에서 '의사를 살인자로 취급한 배신자'로 낙인 찍혀 추방당했고, 정신병원 강제 입원되기도 했습니다. 이후 여러 곳을 전전하다 결국 감염으로 사망했다고 합니다.

당시 제멜바이스는 무엇으로 손을 소독했을까요? 책에서는 그가 염소수를 활용해 손을 소독했다고 말하고 있습니다. 이 내용을 바탕으로 검색해보면, 실제 염소로 수돗물을 소독한다는 사실을 알 수 있을 것입니다. 과거 잘 모르고 사용했던 염소가 소량을 사용하는 경우, 인간의 피부에도 무해한 대표적인 소독약이 되었던 것입니다. 과거의 기술이 현대에도 계속 사용된다고 하니 신기하지 않나요?

이 외에도 제멜바이스의 연구 이후, 사용된 다양한 소독약을 찾아보는 것도 좋습니다. 당시에는 염소수도 사용했고, 대표적인 독성물질로 알려진 페놀도 소독약으로 사용했다고 합니다. 이런 활동을 연계하며 책을 읽는다면 책 내용을 더 잘 기억할 수 있을 것입니다.

이 책은 메모를 할 필요도, 그리고 특별히 공부를 할 것 없이 간식처럼 보는 것을 추천합니다. 간식처럼 책을 본다? 대체 어떤 느낌일까요?

저는 책을 볼 때 메모가 필요한 책, 쿠키처럼 읽는 책 두 가지로 구별을 합니다. 메모가 필요한 책은 펜을 하나 들고, 책에 나온 내용에 태그도 붙이면서 읽습니다. 반면 쿠키처럼 읽는 책은 가볍게 여러 번 읽을 것이기에 따로 메모도 하지 않습니다. 그저 커피 한 잔을 내리고 눈에 잘 띄는 곳에 책을 두고 시간이 될 때마다 읽는 편입니다.

물론 이때 책을 읽는 분량은 커피 한 잔을 다 마시는 시간이기 때문에 한 챕터 정도로 끊어서 읽으면 딱 맞습니다. 특히 이런 책은 한 챕터당 하나의 이야기로 꾸며져 있어 30분 정도면 충분히 읽습니다. 그러니 가볍게 한 번 훑어본다는 느낌으로 화학의 역사 속으로 퐁당 빠져보는 것은 어떨까요?

🐝 한줄꿀팁

자세히 읽고 싶은 챕터를 선정하여 관련된 과거의 과학적 사실이 현대에 어떻게 적용되는지 추적해봐도 좋습니다.

인류가 이룩한 물질 연구의 대서사시

화학의 역사

윌리엄 H. 브록 저 · 김병민 역 · 교유서가 · 2023

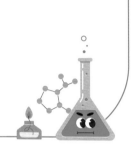

화학이란 학문의 진화

화학은 언제부터 시작되었을까요? 많은 연구와 상식에서 화학
은 빅뱅의 탄생부터 시작되었다고 이야기합니다. 이렇듯 화학
은 지구의 탄생, 인류의 시작 등 지구상의 굵직한 사건마다 존
재했고, 문명을 풍부하게 만들면서 인류와 함께 성장했습니다.
화학의 역사를 다룬다는 것은 사실상 인류가 세상에 대해 탐구
해온 전 과정을 살펴본다는 것과 같습니다. 그래서 우리는 화

학의 역사를 알아야 하는 것이지요.

이번에 소개할《화학의 역사》는 이러한 화학의 탄생부터 지금까지, 화학이 우리 주변에 어떻게 활용되고 있는지 담담하게 풀어내고 있습니다. 한 번 내용을 살펴볼까요?

예전부터 지금까지 화학자들은 이 세상이 물질로 구성되어 있다고 생각합니다. 그래서 어떤 물질을 활용하여 새로운 물질을 탄생시킬 수 있다고 믿었습니다. 이를 입증하기 위해 많은 실험이 있었고, 이는 물질의 변화, 새로운 물질의 발견, 물질을 활용한 연구 등으로 발전되었습니다. 이 과정을 잘 이해하는 것만으로 여러분은 인류가 세상을 인식하는 방식이 어떻게 변화해왔는지를 파악할 수 있을 것입니다.

저자는 화학사 측면에서 큰 줄기에 해당하는 논쟁, 획기적인 발견 등을 중점으로 서술하고 있습니다. 역사의 흐름에 따라 내용이 전개되어 마치 한 편의 강의를 듣는 것과 같은 느낌이 듭니다.

책은 총 여섯 개의 주제로 구성되어 있는데요. 화학의 기원이 어디서 오는지, 이를 어떻게 발전시켜 왔는지 등 과거에서 현대로 이어지는 흐름을 따라갑니다. 실제 일반화학 교과서도 동일하게 서술되어 있기 때문에, 해당 전공 분야에 관심이 있다면 미리 이 책을 읽고 수업을 듣는 것을 추천합니다.

🔬 연금술에서부터 유기화학까지

화학 역사의 시작으로는 역시 연금술의 이야기가 빠질 수 없습니다. 초기화학은 연금술에서부터 시작되었기 때문이죠. 그렇다면 왜 당시 연금술이 시작된 걸까요? 순수하게 금을 만들려는 인간의 욕망이 되려 물질에 대한 근원적 탐구를 키운 것입니다. 그러면서 다양한 실험을 하게 되었고, 이로 인해 초기화학이 발전될 수 있었습니다. 이러한 물질에 대한 본성 탐구는 시간이 지나며 켜켜이 쌓였고, 곧이어 물질을 분석하는 시대가 도래합니다.

재미있게도 연금술은 고대그리스와 아랍에서 전래된 고대화학을 기반으로 성장했습니다. 그 덕에 이 고대화학은 당시 기독교 교리와 충돌하게 되었고, 이런 상호작용은 화학연구에 많은 영향을 미치게 됩니다. 저자는 이 부분을 물질의 분석이라는 주제로 상세하게 다루고 있습니다.

앞서 말한 것처럼 연금술의 연구, 즉 초기화학 연구는 근대화학의 초석이 됐습니다. 더 시간이 지나자 유기화학 연구, 분자구조를 규명하는 연구까지 나아가죠. 이 책은 이 모든 것을 다루고 있습니다.

또 이 책은 화학과 물리학의 관계에 대해서도 조명합니다. 화학은 물리학과 떨어질 수 없습니다. 물리학의 원리가 화학현상을 이해하는 가장 중요한 키워드이기 때문입니다. 그래서 저자역시 '반응성'이란 주제에서 물리학과 화학이 어떻게 상호작용해왔는지 설명하고 있습니다. 이를 통해 화학은 물리학과 떨어질 수가 없다는 것을 이해하게 됩니다.

그렇다면 초기부터 근대과학까지 수 세기의 역사를 딛고 완벽하게 화학 지식을 습득한 요즘 화학자들은 어떤 분야로 성장했을까요? 이 책은 마지막장 '합성'에서 이에 대한 답을 내놓습니다. 결국 과학자들은 물질에 대한 이해와 이를 분석하는 능력을 갖춘 채로 산업화에 필요한 기체를 이해하고 화학반응을 정리합니다. 그 결과 현대화학에서는 새로운 물질을 합성하기도 하고, 기존 자연계에 있는 물질을 똑같이 합성할 수 있습니다. 이를 '유기합성'이라 부릅니다. 20세기에는 이 유기합성 분야가 꽃을 피웠는데요. 아래와 같은 중요한 사건들이 한꺼번에 일어났던 시기이기 때문이죠.

- 두 번의 세계대전
- 화학 산업의 공급자원이 석탄에서 석유로 변화함
- 물리적 측정기구의 탄생
- 연구의 조직화: 산업계, 학계 등 조직화를 통한 대형 연구그룹의 탄생

당시에는 천연 화학물질의 합성과 인공 화학물질의 창출이라는 거대 과제가 있었기에 이런 급격한 변화가 가능했습니다. 또 냉전 중이던 시대적 배경 덕에 연구 중심지 타이틀을 확보하기 위한 국가간 경쟁도 심각했다는 점도 언급하고 있습니다.

실제 우리가 알고 있는 많은 업적이 이 시기에 탄생했는데요. 효소가 발견되었고, DNA의 구조가 규명되었으며, 설탕을 합성했고, 말라리아 약으로 유명한 퀴닌이 천연 의약품으로 발견되기도 했습니다.

시대 상황이 어떤 한 분야의 성장을 가속화할 수 있다는 점이 신기하지 않나요? 이런 부분들을 잘 읽어 본다면, 상식도 넓히고 현대 화학을 이해하는 데도 도움이 될 것입니다.

🐾 여성 화학자들의 부상

다른 책과 달리 이 책에서 별도로 다루고 있는 주제가 있습니다. 바로 20세기 여성 화학자에 대한 이야기입니다. 20세기 전쟁 덕에 '정부-군-산업-학계'는 서로 조직화되며 강력한 연계 시스템을 구축하였습니다. 그 결과, 여성 화학자들이 징집되어 작업대 앞에 앉아서 반응을 관찰하고 합성하는 등의 벤치

연구에 합류할 수 있었다고 합니다.

전쟁 후 국가적으로 수행하던 화학연구는 기업으로 옮겨갔고, 바이엘, 듀폰, 바스프 등과 같은 전통적인 화학 기업들이 탄생했습니다. 당연히 전쟁 때부터 일하던 여성 화학자들은 기업으로 옮겨가 연구를 수행했고, 결혼 후 가정을 꾸린 뒤에도 업계에 남아 연구를 했습니다. 현대 여성 화학자들의 시조인 셈입니다. 전쟁이 바꾼 평등한(?) 세상이랄까요.

시대 문화적 배경이 화학에 미친 영향은 이뿐만이 아닙니다. 또 다른 변화는 전후 다양한 융합화학의 세상이 열렸다는 것입니다. 과거에는 화학이 하나였으나 지금은 다양한 갈래로 세분화됐습니다. 전기화학, 양자화학, 물리화학, 유기화학, 의약화학 등 산업에 적용되며 시대의 요구에 맞춰 전문화된 것이지요.

⚛ 이 책 활용법

이 책은 1994년 출간된《화학의 시대》와 비슷한 내용을 담고 있습니다. 그래서《화학의 시대》를 읽은 뒤, 이어서 보는 것을 추천합니다.《화학의 시대》는 1994년을 기준으로 화학의 획을 그은 기술적 내용을 담고 있어 중간중간 빠진 부분이 있고 굵

직한 기술 자체를 소개하는 것에 치중되어 재미있는 에피소드
가 부족합니다. 반면 이 책은 2016년 출간되어 화학의 역사 전
체를 다루고 있고, 다양한 에피소드를 활용해 기술이 탄생한
배경을 설명하고 있습니다.《화학의 시대》를 읽고 난 뒤 이해가
잘 되지 않는 부분이 있다면, 이어서 이 책을 읽어보는 것도 도
움이 될 것입니다.

 한 줄 꿀팁

요즘의 화학은 어떻게 변화하고 있을까요? 저자가 말하듯 시대적, 문화적
배경이 화학기술에 영향을 미친다고 하니 이런 점을 고려하여 미래의 화학이
어떻게 변화할지 생각해봅시다.

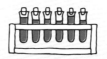

MUST-READ FOR
CHEMISTRY

기초개념부터 심화응용까지,
화학자가 직접 고른 화학 명저 30권을 한 권에

중고생들이 꼭 읽어야 할
화학 필독서 30

초판 1쇄 발행 2025년 5월 30일

지은이 윤정인
펴낸이 정덕식, 김재현
책임편집 정아영
디자인 Design IF
경영지원 임효순
펴낸곳 (주)센시오

출판등록 2009년 10월 14일 제300-2009-126호
주소 서울특별시 마포구 성암로 189, 1707-2호
전화 02-734-0981
팩스 02-333-0081
메일 sensio@sensiobook.com

ISBN 979-11-6657-199-2 (43430)

소중한 원고를 기다립니다. **sensio@sensiobook.com**